누구나
쉽게 완성하는
정통
인도커리
50

FIFTY
페니 차울라
FIFTY
누구나
쉽게 완성하는
정통
인도커리
50
50 EASY INDIAN CURRIES
50 EASY INDIAN CURRIES
PENNY CHAWLA

들어가는 글

인도 요리는 온갖 풍미와 색깔, 향신료의 향연입니다. 수많은 종류의 요리가 저마다 특색 있는 맛과 향을 간직하고 있어, 음미할 것들이 한가득입니다.

인도 커리를 집에서 처음 만든다면 누구든 조금 막막한 기분이 들 수도 있습니다. 하지만 단번에 이해하려는 욕심을 버리고 인도 음식들 사이의 미묘한 차이부터 배워간다면 인도 음식의 세계가 차차 눈에 들어오기 시작할 것입니다. 이 책은 인도 커리의 세계로 떠나는 여러분의 여정을 한층 수월하고 즐겁게 해주고, 인도 음식은 만들기 어렵다는 선입견도 깨뜨려 줄 것입니다.

29개의 주와 7개의 연방 직할지*로 이루어진 인도에서는, 전국을 다니다 보면 100km마다 언어와 음식이 달라진다는 말이 있습니다. 주마다 유명한 현지 음식들이 있으며, 종교나 카스트(신분), 기후, 사용할 수 있는 재료 등에 따라서 비슷하면서도 다른 요리가 생겨나곤 합니다. 예를 들어, 렌틸콩 스튜인 '삼바르'는 인도 남부 지방 전역에서 흔히 먹는 음식이지만 주에 따라 조금씩 차이가 납니다. 물론 각자 자신들의 삼바르를 최고로 꼽지요.

인도의 모든 커리를 단 한 권에 담아내기란 거의 불가능합니다. 방대한 내용을 담은 책이 여러 권 출간되기는 했지만 그중 진정으로 인도 커리를 총망라했다고 볼 만한 책은 없습니다. 표준 레시피도 없는 데다가 마을마다, 심지어 집집마다 재료를 달리 사용하여 14억 명이나 되는 사람들 각자의 입맛에 맞추는 인도 음식의 특징 때문이겠지요. 레시피는 개인 취향에 맞게 조금씩 다듬고 완성해나가는 것이라는 인도인들의 음식 사랑을

엿볼 수 있는 지점이기도 합니다. 이 집은 향신료를 조금 더 추가하고, 저 집은 다른 채소를 사용하면서 한 집안의 레시피가 만들어집니다.

이렇게 미묘한 차이들이 있기는 하지만, '인도' 하면 바로 떠오를 정도로 인기 있고 누구든 해 먹는 요리들도 물론 있습니다. 그중 가장 맛있고 손쉬운 커리 50종류를 첫 단계부터 만들 수 있는 레시피를 모아 이 책에 담았습니다. 버터 치킨과 달 마카니, 포크 빈달루, 사그 파니르 등 대표적인 식당 메뉴부터, 비프 마드라스와 벵골식 피시 커리, 소스에 파파담**을 넣어 윤기가 흐르게 만든 파파드 키 사브지처럼 비교적 덜 알려져 있지만 아주 훌륭한 현지식 요리에 이르기까지, 누구든 자신의 입맛에 맞는 커리 하나쯤은 찾을 수 있을 정도로 다양한 종류의 커리가 기다리고 있습니다. 그뿐만 아니라 인도식 상차림을 완성해줄 페이스트와 밥, 빵 등을 간단히 만들 수 있는 레시피도 함께 실었습니다.

인도 음식을 만드는 데 꼭 필요한 향신료와 신선한 재료 몇 가지만 있으면 커리를 만드는 데에는 한 시간도 채 걸리지 않습니다. 그저 냄비에 재료를 몽땅 넣고 뭉근하게 익히면서 그동안 다른 일을 하면 되지요. 이미 커리를 많이 만들어본 사람이라면 이 책을 통해 인기 메뉴를 간편한 버전의 레시피로 즐겨보거나 다소 생소할 수 있는 지역 음식에 도전해보는 것은 어떨까요?

인도 요리는 얼마든지 비건이나 채식주의자들의 기호에 맞출 수 있으며 이 책에 실린 레시피도 물론 그렇습니다. 여러 종류의 달*** 커리와 풍미 가득한 채소 요리만 있다면 고기 없이도 화려한 상차림이 거뜬하지요. 대표적인 인도식 치즈인 파니르는 두부로, 요구르트는 코코넛 요구르트로 손쉽게 대체가 가능하고 그 밖에도 다양한 채식 대체제들이 있습니다.

자, 이제 인도 요리의 세계로 떠나볼까요? 내 입맛에 꼭 맞는 음식을 찾아 손쉽게 만드는 법을 배워봅시다. 커리 몇 가지에 밥과 필라우, 빵을 곁들여 푸짐한 인도식 한 상을 차려봅시다. 아니면 간단한 달 커리로 영양가 있는 한 끼 식사를 만들어보는 것도 좋습니다. 일단 자신감이 붙고 나면 어느새 나도 모르게 조금씩 새로운 시도를 하며 나만의 커리 레시피를 만들어내고 있을 것입니다.

* 연방 직할지(union territory)는 독자적 선출 정부가 없다는 점에서 주(state)와 대비되는 행정 구역 단위이며, 연방 정부가 직접 관할한다.

** 우라드 콩가루 반죽을 납작하게 빚어 튀기거나 구운 바삭한 빵. 렌틸콩이나 병아리 콩, 쌀, 감자 등 다른 곡물가루로 만들기도 한다.

*** '콩'이라는 뜻.

인도의 향신료

인도 요리에서 흔히 쓰이는 대표적인 향신료 몇 가지를 소개합니다. 구비해 놓으면 원할 때마다 언제든 좋아하는 커리를 만들 수 있습니다.

강황Turmeric

인도가 원산지이며 인도 음식의 색을 낼 때에 필수로 쓰이는 재료입니다. 강황은 식재료뿐 아니라 치료제나 소독약으로도 사용되었으며 힌두교인들이 종교적인 목적으로 사용하는 유일한 향신료이기도 합니다. 강황 내 유효 성분*은 커큐민으로, 약효가 뛰어나다고 알려져 있습니다.

고추Chillies

고추 없이는 인도 음식을 완성할 수 없다고 할 정도로 중요한 식재료지만, 15세기가 되어서야 포르투갈인을 통해 인도에 소개되었습니다. 인도 음식에는 풋고추와 붉은 고추, 고춧가루가 사용되며 그중 카슈미르산을 최고로 칩니다.

가람 마살라 Garam Masala

'매운 향신료'라는 뜻의 배합 향신료지만 실제로 매운맛은 별로 나지 않습니다. 가람 마살라는 다양한 종류의 볶은 향신료를 섞어 만듭니다. 대개 요리의 마지막 단계에 첨가되어 맛과 향을 적절히 더해주는 역할을 합니다.

정향Cloves

도금양과 식물이며, 꽃봉오리의 생김새 때문에 '못'을 뜻하는 라틴어 단어 'clavus'에서 '정향(丁香, clove)'이라는 이름이 유래했습니다. 인도가 정향의 원산지는 아니지만 케랄라 주에서 소량 재배하고 있습니다. 강하고 톡 쏘는 향이 특징이므로 음식에 넣을 때는 조금씩 사용해야 합니다.

카다멈Cardamom

열대 기후의 케랄라 주에서 풍부하게 생산되는 향신료입니다. 향이 좋아서 차나 향신료 믹스, 고기가 들어간 커리, 디저트 등 다양한 곳에 두루두루 쓰이며, 인도 전역에서 널리 사랑받고 있습니다. 이 책의 레시피에서는 그린 카다멈과 블랙 카다멈 꼬투리 두 종류 모두를 사용합니다.

아사푀티다Asafoetida

'힝(heeng)'이라고도 하는 아사푀티다는 거부감이 드는 강한 향이 나지만 가열하면 이런 냄새는 날아갑니다. 인도인들 중 마늘이나 양파를 싫어하는 사람들은 아사푀티다를 대신 넣기도 하며, 아주 소량으로도 음식의 풍미를 충분히 끌어올려줍니다. 인도 식료품점에 가면 아사푀티다 특유의 시큼한 냄새를 없애고자 쌀가루나 밀가루에 섞어 작은 플라스틱 통에 담아 판매하는 것을 볼 수 있습니다. 아사푀티다는 향을 더해줄 뿐 아니라 소화를 촉진하는 효능도 있습니다.

호로파Fenugreek

호로파가 인도로 처음 유입된 경로는 알려지지 않았지만 인도에서 많이 쓰는 향신료 중 하나입니다. 으깨지 않은 씨는 타드카**로 달 커리에 넣어 향을 돋우며 인도식 피클을 담글 때도 사용합니다. 생 호로파 잎은 요리 전반에 두루두루 쓰고 건호로파 잎(카수리 메티)은 완성된 음식 위에 뿌려 향을 더합니다. 정말 놀라운 향신료입니다.

고수Coriander

고수씨는 특유의 기분 좋은 고소한 향 덕분에 인도 요리에 두루두루 사용됩니다. 가볍게 볶으면 향이 더욱 올라가고 빻아서 가루로 만들면 고추처럼 강한 향을 중화해줍니다. 고수 잎은 파릇파릇한 색깔을 살리고자 언제나 익히지 않은 고명으로만 올립니다.

시나몬Cinnamon

서양에서는 대체로 베이킹에 쓰이는 재료이지만 인도에서는 커리를 만들 때 사용되는 향신료 중 하나입니다. 매운맛이 약간 있는 중국산 계피와 자주 혼동되지만 시나몬은 스리랑카에서만 자라며, 향기가 나고 음식에 깊은 풍미를 더해줍니다.

* 약으로서 효능이 있을 것으로 간주되는 물질을 말한다.

** 향신료를 기름에 볶아 재료의 향을 최대로 끌어올리는 인도의 전통 조리법 또는 그 결과물인 향유香油를 가리킨다. '템퍼(temper)'라고도 하지만 이 책에서는 편의상 '타드카'로 통일하여 표기하였다.

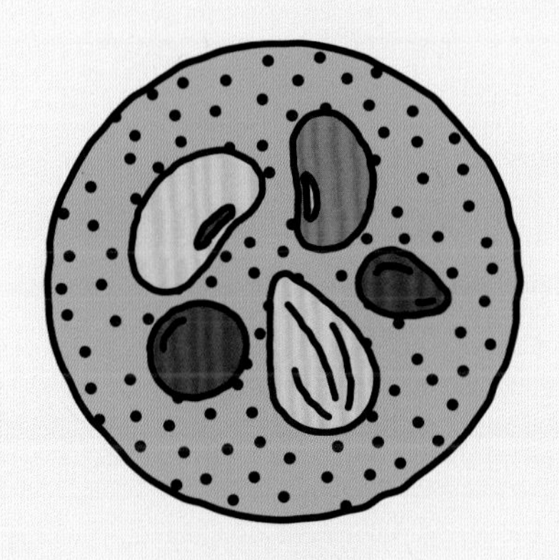

Pulses & Legumes

6–8인분

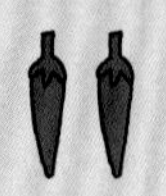

달 마카니 Dal Makhani

전형적인 달 커리인 달 마카니는 전 세계 어느 인도 식당에서든 찾아볼 수 있는 음식이자 가장 손쉽게 만들 수 있는 음식이기도 합니다. 달 마카니는 '버터가 들어간 달'이라는 뜻인데, 실제로 버터가 잔뜩 들어가서가 아니라 뭉근하게 익힌 렌틸콩이 마치 버터처럼 부드러운 질감을 내기 때문에 붙여진 이름입니다. 달 마카니 만드는 법을 배워두면 마음의 위로가 필요할 때마다 자주 찾게 될 것입니다.

우라드콩 100g(씻은 것)
강낭콩 100g(씻은 것)
병아리콩 60g(씻은 것)
시나몬 스틱 1개
그린 카다멈 꼬투리 5개(으깬 것)
정향 5개
캔 토마토 400g(으깬 것)
무염버터 100g(잘게 다진 것)
생강 마늘 페이스트* 2TS
고춧가루 1TS(취향에 따라)
강황가루 ¼ts
소금
건호로파 잎 1TS(잘게 부순 것)
바스마티 쌀밥(124쪽 참조)과
파파담(곁들임용)

* 인도 음식에 자주 사용되는 기본 양념으로, 마늘과 생강, 코코넛 오일 또는 식물성 기름을 한데 갈아 걸쭉하게 만든 것이다. 간단하게 만들어 사용하거나 시판되는 제품을 구매하여 사용할 수도 있다.

우라드콩, 강낭콩, 병아리콩을 큰 볼에 넣고 콩이 잠길 정도로 물을 넉넉히 붓는다. 뚜껑을 덮고 밤새 불린다.

시나몬 스틱, 그린 카다멈 꼬투리, 정향을 면포에 놓고 한데 모아 주방용 실로 잘 묶는다.

불린 콩의 물기를 빼고 콩을 큰 소스팬에 옮겨 담는다. 물 750ml와 향신료 묶음을 넣고 강불에 끓이면서 표면에 뜨는 거품을 걷어낸다. 약불로 줄인 후 가끔씩 저으면서 콩이 부드러워질 때까지 약 1시간 30분간 졸인다. 콩이 바닥에 눌어붙거나 너무 되직해지면 끓는 물을 조금씩 붓는다.

향신료 묶음을 건져내고 캔 토마토, 무염버터, 생강 마늘 페이스트, 고춧가루, 강황가루, 소금을 넣는다. 중불로 올리고 자주 저으면서 되직한 수프 같은 농도가 되도록 10분간 더 끓인다. 맛을 보고 입맛에 따라 간을 맞춘다. 건호로파 잎을 넣고 섞는다.

바스마티 쌀밥과 파파담을 곁들여 낸다.

4인분

달 타드카 Dal Tadka

인도 각 도시마다 지역색이 묻어나는 고유의 달 타드카 레시피가 있습니다. 타드카에 사용되는 향신료나 재료를 약간만 바꾸면 날마다 다른 달 커리를 즐길 수 있지요. 이 요리의 핵심은 바로 '타드카'에 있는데요. 타드카란 향신료의 향을 흠뻑 머금고 어떤 달 커리든 풍미를 더해주는 향유를 말합니다. 달 커리를 미리 완성해놓고 식탁에 올리기 직전에 타드카를 만들어 곁들여보세요.

기 버터* 1TS
양파 1개(다진 것)
생강 마늘 페이스트 2ts
강황가루 ½ts, 고수씨가루 1ts
붉은 렌틸콩 250g(씻은 것), 소금
바스마티 쌀밥(124쪽 참조, 곁들임용)
무가당 플레인 요구르트(곁들임용)

타드카 재료
기 버터 3TS, 흑겨자씨 ½ts
큐민** ½ts, 커리 잎*** 약 15장
작은 건고추 2개, 마늘 2알
아사푀티다 1꼬집, 고춧가루 2ts

* 인도의 전통 정제 버터. 버터를 고온에서 끓여 순수 지방 성분만 남도록 정제한다. 일반 버터에는 없는 독특한 풍미가 특징이다.

** 멕시코 요리나 중국 요리에도 많이 사용되는 향신료로 중국어로 '쯔란'이라고도 한다. 한국에 양꼬치 음식점이 많아지면서 최근 한국인들에게도 비교적 친숙해진 향신료다.

*** 커리나무의 잎으로, 인도 요리에 자주 사용된다.

바닥이 두껍고 넓은 소스팬에 기 버터를 넣고 중약불에 가열한 다음 양파, 생강 마늘 페이스트를 넣는다. 이따금 저으면서 양파가 부드러워지고 색이 날 때까지 5~6분 정도 볶는다. 강황가루와 고수씨가루를 넣고 향이 올라올 때까지 1분간 볶는다. 붉은 렌틸콩과 물 750ml를 넣는다.

불을 중불로 올렸다가 끓기 시작하면 약불로 줄이고 이따금 저어가며 콩이 부드럽게 으깨질 때까지 25~30분간 졸인다. 커리가 바닥에 눌어붙거나 너무 되직해지면 끓는 물을 조금씩 넣는다. 소금으로 취향에 따라 간을 한다.

타드카 만드는 법: 프라이팬에 기 버터를 넣고 중불에 가열한다. 흑겨자씨와 큐민, 커리 잎을 넣고 지글지글 소리가 나게 잠시 볶다가 건고추, 마늘, 아사푀티다를 넣고 마늘이 노릇노릇해지도록 1~2분간 저으며 볶는다. 불을 끄고 고춧가루를 넣어 섞는다.

완성된 달 커리를 접시에 담고 그 위에 뜨거운 타드카를 뿌린다. 바스마티 쌀밥 또는 무가당 플레인 요구르트와 곁들여 내거나 다른 인도식 상차림에 함께 낸다.

4인분

차나 마살라 Chana Masala

차나(병아리콩)는 채식주의자들에게 중요한 단백질 공급원이자 북인도인들이 삼시 세끼 즐겨 먹는 주요 식재료입니다. 만들기 간편하면서도 풍미가 가득한 차나 마살라 커리 한 그릇이면 영양가 있고 든든한 한 끼 식사를 실패할 일이 없습니다.

기 버터 또는 땅콩기름 2TS
큐민 1ts
양파 1개(다진 것)
생강 마늘 페이스트 1TS
새눈고추* 1개(잘게 다진 것)
파프리카가루 1½ts
고수씨가루 1ts
강황가루 ¼ts
큰 토마토 2개(잘게 다진 것)
소금
캔 병아리콩 800g(물기 뺀 것)
가람 마살라 1ts
생 레몬즙(취향에 따라)

곁들임용
고수 잎(선택)
바스마티 쌀밥(124쪽 참조)
레몬 조각

* 태국, 베트남 등 동남아시아 및 인도 케랄라 주에서 재배되는 작은 고추. 한국에서는 흔히 베트남고추 또는 쥐똥고추 등으로 알려져 있다.

소스팬에 기 버터 또는 땅콩기름을 넣고 중불로 가열한다. 큐민을 넣고 10초 정도 지글지글 볶다가 양파를 넣고 노릇노릇해지기 시작할 때까지 5~6분간 저으며 볶는다. 생강 마늘 페이스트와 새눈고추를 넣고 향이 올라올 때까지 1분간 볶는다. 파프리카가루와 고수씨가루, 강황가루를 넣고 향이 올라올 때까지 2분간 저으며 볶는다. 토마토를 넣고 1분간 볶다가 물 250ml를 붓고 소금을 넉넉히 넣어 간을 한다. 끓어오르면 불을 줄인 뒤 뚜껑을 덮고 맛이 잘 어우러지도록 10분간 졸인다.

캔 병아리콩을 넣고 다시 불의 세기를 올려 끓인다. 바글바글 끓으면 불을 줄인 다음 뚜껑을 덮고 이따금 저으며 20분간 졸인다. 소스가 되직해지고 향신료 향이 은은해질 때까지 뚜껑을 연 채 10~15분간 더 졸인다. 소스가 바닥에 눌어붙거나 너무 되직해지면 끓는 물을 조금씩 붓는다. 불에서 내린 다음 가람 마살라와 레몬즙을 취향에 따라 넣고 섞는다. 맛을 보고 입맛에 맞게 간을 한다.

그릇에 담은 뒤 고명으로 고수 잎을 취향에 따라 올리고 바스마티 쌀밥과 레몬 조각을 한쪽에 곁들여 낸다.

4-6인분

뭉 달 Moong Dal

녹두로 만든 뭉 달 커리는 인도에서 집집마다 자주 만들어 먹는 음식으로, 지역에 따라 레시피가 다릅니다. 몸이 찌뿌둥한 날에는 소화도 잘 되고 영양가도 높은 뭉 달이 제격입니다. 인도 전통 의학인 아유르베다에 따르면 뭉 달은 신체 구성 요소들 사이의 균형을 잡아주는 효능이 있다고도 알려져 있습니다.

껍질 벗긴 녹두 210g(씻은 것)
강황가루 ¼ts
소금
바스마티 쌀밥(124쪽 참조) 또는
파라타*(128쪽 참조, 곁들임용)

뭉 달 타드카 재료
기 버터 혹은 땅콩기름 2TS
건고추 1~2개
큐민 ½ts
호로파씨 ½ts
아사푀티다 ⅛ts
아시안 샬롯** 1개(얇게 썬 것. 양파 ½개로 대체 가능)
커리 잎 약 15장

* 이스트를 넣지 않고 반죽하여 기름 두른 팬에 구워 낸 납작한 빵.

** 붉은색 샬롯. 동남아시아에서 많이 자란다. 양파와 비슷하지만 크기가 작고 양파보다 단맛과 향이 더 강하다. 구하기 어렵다면 양파로 대체 가능하다.

소스팬에 껍질 벗긴 녹두와 물 800ml를 넣고 표면에 떠오르는 거품을 걷어내며 강불에 끓인다. 강황가루를 넣고 불을 중약불로 줄인 뒤, 이따금 저으며 녹두가 부드럽게 으깨질 때까지 뚜껑을 살짝 연 채 35~40분간 뭉근하게 끓인다. 녹두가 냄비 바닥에 눌어붙거나 너무 되직해지면 끓는 물을 조금씩 넣는다. 입맛에 맞게 소금으로 간을 하고 불에서 내린다.

뭉 달 타드카 만드는 법: 바닥이 두꺼운 프라이팬에 기 버터 혹은 땅콩기름을 넣고 중강불로 가열한다. 건고추와 큐민, 호로파씨, 아사푀티다를 넣고 30초 정도 팬을 흔든다. 고추의 색이 어두워지면 곧바로 아시안 샬롯과 커리 잎을 넣는다. 샬롯이 노릇노릇해질 때까지 2~3분 정도 뒤적이며 볶는다.

커리를 저어보고 필요하면 끓는 물을 섞어 농도를 맞춘다. 완성된 커리를 그릇에 담고 타드카를 올려 잘 섞는다.

바스마티 쌀밥이나 파라타와 곁들여 낸다.

4인분

차나 달 Chana Dal

병아리콩은 굉장히 구수한 향이 납니다. 다른 렌틸콩과 달리 병아리콩은 식감이 살아 있도록 알 덴테al-dente로 익혀야 합니다. 병아리콩은 다양한 방식으로 조리하여 수프나 샐러드, 디저트 등 여러 음식에 활용됩니다.

병아리콩 220g(씻은 것)
강황가루 1½ts
카다멈가루 ½ts
생월계수 잎 또는 건월계수 잎 1장
소금
가람 마살라 ½ts
생 레몬즙(취향에 따라)
플레인 난(126쪽 참조, 곁들임용)

차나 달 타드카 재료
기 버터 또는 해바라기씨유 2TS
정향 6개
흑겨자씨 ½ts
건고추 2개(쪼갠 것)
아사푀티다 1꼬집
마늘 4알(으깬 것)
큐민 ½ts

바닥이 두껍고 넓은 소스팬에 병아리콩, 강황가루, 카다멈가루, 월계수 잎과 물 1L를 넣고 중불에 올려 끓인다. 끓어오르면 약불로 줄이고 이따금 저으며 뚜껑을 살짝 연 채 병아리콩이 부드러워질 때까지 50~60분 정도 뭉근하게 익힌다(아래 '메모' 참조). 이때, 콩이 바닥에 눌어붙거나 너무 되직해지면 끓는 물을 조금씩 붓는다. 월계수 잎을 건져내고 소금을 넉넉히 넣어 간을 한다. 부드러운 식감을 원하면 블렌더로 곱게 간다.

타드카 만드는 법: 작은 소스팬에 기 버터 또는 기름을 넣고 중강불로 가열한다. 정향, 흑겨자씨, 건고추를 넣고 흑겨자씨에서 타닥타닥 소리가 날 때까지 팬을 흔들어 볶는다. 아사푀티다와 마늘, 큐민을 넣고 향이 올라올 때까지 30초 정도 계속 뒤적거린다.

타드카와 가람 마살라를 커리에 넣고 살살 섞는다. 맛을 보고 소금과 레몬즙을 취향에 따라 첨가한다.

난을 곁들여 낸다.

메모: 병아리콩을 조리 2~3시간 전에 미리 찬물에 불렸다가 물기를 뺀 뒤 끓이면 조리 시간을 30분 정도 줄일 수 있다.

4인분

파파드 키 사브지

Papad Ki Sabzi

커리의 재료는 그야말로 무궁무진합니다. 파파담으로 만든 이 커리가 바로 좋은 예라고 할 수 있지요. 파파드 키 사브지는 라자스탄 주의 특별한 음식입니다. 기후가 매우 건조한 이 지역에 사는 사람들은 창의적인 방법을 이용하여 식재료에서 최상의 맛을 끌어내는 것으로 잘 알려져 있습니다. 이 커리에 들어간 파파담은 아주 부드러워서 혀에 닿는 순간 녹아내린답니다.

코코넛오일 또는 땅콩기름 2TS
큐민 ½ts
아사푀티다 1꼬집
양파 1개(잘게 다진 것)
생강 마늘 페이스트 3ts
큰 풋고추 2개(세로로 가른 것)
건호로파 잎 1ts(부순 것)
고수씨가루 1ts
고춧가루 ½ts
강황가루 ½ts
무가당 플레인 요구르트 250g
소금
큰 파파담 5개
고수 잎 한 줌(대강 다진 것)
바스마티 쌀밥(124쪽 참조) 또는
차파티(131쪽 참조, 곁들임용)

소스팬에 코코넛 오일 또는 땅콩기름을 두르고 중불에 가열한다. 큐민을 넣고 타닥타닥 소리가 날 때까지 잠시 볶다가 아사푀티다를 넣는다. 양파, 생강 마늘 페이스트, 풋고추, 건호로파 잎을 넣고 이따금 저으며 양파가 부드러워질 때까지 8~10분간 볶는다.

고수씨가루, 고춧가루, 강황가루를 넣고 향이 올라올 때까지 볶다가 약불로 줄인다. 저어가며 무가당 플레인 요구르트를 넣고, 물 125ml를 붓는다. 계속 저으면서 뭉근하게 끓이고, 입맛에 맞게 소금으로 간을 한다. 5cm 크기로 부순 파파담을 고수 잎과 함께 넣고 잘 섞는다.

바스마티 쌀밥이나 차파티를 곁들여 바로 낸다.

채소

Vegetables

4인분

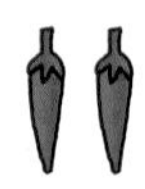

가지 마살라 Eggplant Masala

가지는 인도 요리에서 자주 사용되는 재료입니다. 오븐 또는 그릴에 굽거나 기름에 튀겨서 채식 커리에 올리면 고기 같은 식감을 더해주지요. 가지 마살라는 만들기도 간편한 데다 인도식 잔칫상에 올리기에도 손색이 없는 메뉴입니다. 상큼한 맛을 더해주는 무가당 플레인 요구르트가 포인트랍니다.

가지 약 900g(2cm 길이로 썬 것)
소금 ½ts
기 버터 또는 식물성 기름 2TS
흑겨자씨 1ts
아시안 샬롯 3개(썬 것, 양파 1개로 대체 가능)
생강 조각 2cm(곱게 간 것)
마늘 2알(얇게 썬 것)
큰 홍고추 1개(다진 것)
캔 토마토 400g(으깬 것)
시나몬가루 ½ts
카다멈가루 ¼ts
정향가루 1꼬집
무가당 플레인 요구르트 60g
고수 잎과 파파담(곁들임용)

가지를 넓은 볼에 넣고 소금을 뿌려 잘 섞는다. 30분간 절인 다음 물로 소금기를 잘 씻어내고 키친타월로 물기를 닦는다.

바닥이 넓고 두꺼운 코팅 프라이팬을 강불에 올려 달군다. 아무것도 두르지 않은 팬에 가지를 올리고 살짝 노릇노릇해지도록 5~6분간 굽는다. 팬이 좁다면 여러 번에 나누어 굽는다. 구운 가지는 접시에 담아 한편에 잠시 둔다.

같은 팬에 기 버터 또는 식물성 기름을 넣고 중강불에 달군다. 흑겨자씨를 넣고 잠시 볶다가 타닥타닥 소리가 나면 아시안 샬롯, 생강, 마늘, 홍고추를 넣는다. 중불로 낮추고 아시안 샬롯이 노릇노릇해질 때까지 4~5분간 이따금 저어가며 볶는다. 캔 토마토와 시나몬가루, 카다멈가루, 정향가루, 물 125ml, 구운 가지를 팬에 넣는다. 뚜껑을 덮고서 가지가 매우 부드러워지고 커리가 약간 되직해질 때까지 10~15분간 이따금 저으며 끓인다. 취향에 맞게 소금으로 간을 한다.

숟가락으로 무가당 플레인 요구르트를 커리 위에 뿌리고 고수 잎을 올린다. 접시 한쪽에 파파담을 곁들여 낸다.

다른 음식과 함께 나눠 먹는다면
4-6인분

사그 알루 Saag Aloo

'사그'는 겨자잎이나 콜라드*, 순무 등 쌉싸름한 맛이 나는 푸성귀 모둠을 일컫는 말로, 주로 겨울철에 인도 북부 지역에서 사그 요리를 많이 만들어 먹습니다. 이 레시피에서는 전통적으로 사용하는 푸성귀보다 단맛이 더 감도는 시금치를 사용합니다. '알루'는 감자라는 뜻이며, 기 버터에 겉을 바삭하게 볶은 감자는 부드러운 시금치와 완벽한 궁합을 이룹니다.

기 버터 3TS
흑겨자씨 1ts
양파 1개(다진 것)
마늘 3알(얇게 썬 것)
생강 조각 3cm(곱게 간 것)
큐민 1ts
강황가루 1ts
고춧가루 ½ts
감자 600g(수분기가 많아서 잘 부서지지 않는 품종, 씻어서 가로세로 1.5cm 크기로 썬 것)
소금
시금치 200g
생 레몬즙(취향에 따라 선택)

바닥이 넓은 코팅 프라이팬에 기 버터를 넣고 중불에 가열한다. 흑겨자씨를 넣고 타닥타닥 소리가 날 때까지 잠시 볶는다. 양파, 생강 조각, 마늘, 큐민, 강황가루, 고춧가루를 넣고 양파 색이 노릇노릇하게 진해질 때까지 4~5분간 뒤적이며 볶는다. 기름은 남기고 건더기만 건져 접시에 옮긴다.

기 버터가 남아 있는 팬에 감자를 넣고 소금을 넉넉히 뿌린다. 기 버터가 감자 표면에 골고루 묻게 뒤적인다. 물 80ml를 넣고 뚜껑을 닫은 다음 감자가 부드럽게 익기 시작할 때까지 5분간 익힌다. 뚜껑을 열고 겉이 바삭바삭해질 수 있도록 감자를 건드리지 않고 10~15분간 더 익힌다.

아까 건져놨던 건더기와 시금치를 팬에 넣고 시금치의 숨이 살짝 죽을 때까지 살살 뒤적인다. 입맛에 맞게 소금으로 간을 하고 취향에 따라 레몬즙을 약간 뿌린다.

원하는 쌀밥과 빵, 다른 커리 등과 함께 담아 낸다.

* 십자화과 푸성귀의 한 종류로 케일과 비슷하다. 잎사귀가 넓고 두꺼우며 비타민이 풍부하다고 알려져 있다.

4인분

케랄라식 달걀 로스트

Kerala Egg Roast

인도 남부에 위치한 케랄라 주는 빼어난 자연경관과 정통 아유르베다 요법으로 잘 알려져 있지만 그 식문화 또한 명성이 자자합니다. '신의 낙원'이라고도 불리는 케랄라 주에서는 신선한 식재료와 다양한 향신료를 사용해 화끈한 맛으로 만든 매운 커리를 즐겨 먹습니다. 달걀 로스트는 토마토 소스와 달콤하게 캐러멜라이즈한 양파로 만든 되직한 소스가 특징입니다.

코코넛오일 또는 땅콩기름 2TS
흑겨자씨 1ts
양파 2개(얇게 썬 것)
생강 마늘 페이스트 1TS
작은 풋고추 1개(세로로 가른 것)
큰 달걀 8개(상온에 둔 것)
토마토 파사타* 250g(토마토 퓌레로 대체 가능)
커리 잎 약 30장
고춧가루 1ts
고수씨가루 1ts
강황가루 1ts
회향가루** ½ts
흑후춧가루 ½ts(바로 간 것)
소금
고수 잎 한 줌(대강 다진 것, 고명으로 조금 더 준비)
바스마티 쌀밥(124쪽 참조, 곁들임용)

* 토마토를 익히지 않고 곱게 간 것. 퓌레나 소스는 익히는 경우도 있지만 파사타는 가열하지 않았다는 점이 차이점이다.

** 회향은 미나리과 식물로 씨앗에 독특한 향이 있어 향신료로 사용한다.

바닥이 두꺼운 프라이팬에 코코넛오일 또는 땅콩기름을 두르고 중불에 달군다. 흑겨자씨를 넣고 타닥타닥 소리가 날 때까지 잠시 볶는다. 양파, 생강 마늘 페이스트, 풋고추를 넣고 이따금 저어가며 양파가 부드러워질 때까지 5~6분간 볶는다.

그동안 작은 소스팬에 물을 끓인다. 물이 끓으면 달걀을 조심스럽게 넣고 중약불에서 완숙을 원하면 8분, 노른자가 흐르는 반숙을 원하면 6분간 삶는다. 물을 버리고 달걀을 찬물에 식힌다. 충분히 식으면 껍질을 살살 벗긴다.

볶던 양파에 토마토 파사타, 커리 잎, 고춧가루, 고수씨가루, 강황가루, 회향가루, 흑후춧가루, 물 180ml를 넣고 소금으로 간한다. 소스가 약간 되직해질 때까지 자주 저으며 8~10분간 끓인다. 껍질 벗긴 삶은 달걀과 고수 잎을 넣고 소스가 달걀에 골고루 묻도록 섞는다.

고수 잎을 고명으로 조금 더 위에 뿌리고 바스마티 쌀밥과 낸다.

4인분

신디 카디 Sindhi Kadhi

'카디'는 요구르트를 베이스로 하는 소스로, 그 종류가 매우 다양합니다. 하지만 신디 카디는 독특하게도 병아리콩가루로 루*를 만들어 요구르트의 크리미한 맛을 모사한 비건식입니다. 가볍고 톡 쏘는 맛이 감도는 채식 수프로, 밥에 곁들여 먹으면 정말 맛이 좋습니다.

큰 감자 1개(껍질 벗겨 가로세로 2cm 크기로 자른 것)
드럼스틱** 또는 깍지콩 100g(썬 것)
식물성 기름 3TS
오크라 100g(세로로 반 가른 것)
큐민 ½ts
호로파씨 ½ts
아스피티다 1꼬집
커리 잎 약 15장
병아리콩가루 30g
작은 풋고추 1~2개(다진 것)
생각 조각 1cm(곱게 간 것)
카슈미르산 고춧가루 ½ts(맵지 않은 고운 고춧가루로 대체 가능)
강황가루 ¼ts
타마린드*** 퓌레 2ts(취향에 따라 추가 가능)
소금
바스마티 쌀밥(124쪽 참조, 곁들임용)

감자와 드럼스틱 또는 깍지콩을 각각 다른 냄비에 부드러워질 때까지 삶거나 찐다. 다 익으면 건져내고 삶았던 물은 남겨둔다.

바닥이 두꺼운 프라이팬에 준비한 식물성 기름의 절반만 두르고 중불에 올린다. 오크라를 넣고 노릇노릇하고 부드러워질 때까지 3~4분간 이따금 뒤적이며 볶다가 접시에 기름은 빼고 건져둔다.

나머지 기름을 마저 팬에 두르고 큐민과 호로파씨도 같이 넣는다. 타닥타닥 소리가 나기 시작하면 아사푀티다와 커리 잎을 넣고 잘 젓다가 병아리콩가루를 넣는다. 1~2분간 저으면서 노릇노릇해질 때까지 볶는다. 처음에 채소를 삶았던 물에 추가로 물을 더해 총 625ml의 물을 팬에 붓고 풋고추, 생강 조각, 고춧가루, 강황가루를 넣고 잘 젓는다. 익혀뒀던 채소와 타마린드 퓌레를 넣고 끓인다. 끓어오르면 불을 약하게 줄이고 맛이 잘 어우러지도록 2~3분간 졸인다. 소금으로 간을 하고 취향에 따라 타마린드 퓌레를 더 넣는다.

바스마티 쌀밥을 곁들여 낸다.

* 버터에 밀가루를 볶은 것으로 소스나 국물의 점도를 올리는 역할을 한다.

** 인도가 원산지인 식물로, 열매 주머니의 모양이 마치 드럼스틱과 같다고 하여 붙여진 이름. 모링가 올레이페라라고도 일컫는다.

*** 인도, 동남아 지역 음식에 많이 사용되는 향신료. 신맛과 단맛이 난다.

4인분

버섯 마타르 Mushroom Matar

버섯은 의외로 인도 음식에서 비교적 덜 사용되는 재료입니다. 하지만 이 요리에서 소개하듯 버섯은 고기 같은 식감이 있어 매콤한 커리나 그레이비 소스와 아주 잘 어울립니다. 비건식으로 바꾸려면 기 버터는 식물성 기름으로 대체하고 무가당 플레인 요구르트는 생략하면 됩니다.

기 버터 2TS
양파 2개(얇게 썬 것)
소금
생강 마늘 페이스트 2ts
카슈미르산 고춧가루 1ts
강황가루 1ts
큐민가루 ½ts
고수씨가루 ½ts
긴 풋고추 1개(반으로 가른 것)
토마토 파사타 250g(토마토 퓌레로 대체 가능)
양송이버섯 300g(두껍게 썬 것)
냉동 완두콩 130g(녹인 것)
건호로파 잎 1ts(부순 것)
가람 마살라 ½ts
바스마티 쌀밥(124쪽 참조) 또는 플레인 난(126쪽 참조, 곁들임용)
무가당 플레인 요구르트(곁들임용)

바닥이 두껍고 넓은 프라이팬에 기 버터를 넣고 중약불에 달군다. 양파와 소금 ½ts을 넣고 양파가 노릇노릇해질 때까지 뒤적거리며 10~15분간 볶는다. 생강 마늘 페이스트를 넣고 향이 올라올 때까지 저으며 2분간 볶는다. 고춧가루, 강황가루, 큐민가루, 고수씨가루, 풋고추를 넣고 향이 날 때까지 2~3분간 더 볶는다. 토마토 파사타, 물 125ml를 넣고 중불에서 뚜껑을 열어둔 채로 저어가며 소스의 물기가 날아가 약간 되직해질 때까지 1~2분간 졸인다.

버섯을 넣고 잘 섞은 뒤 버섯이 부드러워지도록 6~8분간 익힌다. 냉동 완두콩과 건호로파 잎을 넣고 뭉근하게 끓인다. 농도가 너무 되직해지면 끓는 물을 조금씩 넣어가며 완두콩이 완전히 익도록 3~4분간 더 익힌다. 가람 마살라를 넣고 소금으로 취향에 맞게 간한다.

바스마티 쌀밥 또는 난을 곁들이고 취향에 따라 무가당 플레인 요구르트를 같이 낸다.

4인분

파니르 버터 마살라

Paneer Butter Masala

버터 치킨의 채식 버전인 파니르 버터 마살라는 누구든 좋아하는 메뉴여서 어느 인도식 상차림에도 잘 어울립니다. 입안을 부드럽게 감돌며 녹아내리는 파니르 치즈, 새콤한 토마토와 생크림이 들어간 캐슈너트 소스의 조화를 누가 마다할 수 있을까요?

기 버터 2TS
양파 2개(잘게 다진 것)
소금
생강 마늘 페이스트 1TS
고춧가루 1ts
강황가루 1ts
긴 풋고추 1개(다진 것)
토마토 파사타 250g(토마토 퓌레로 대체 가능)
생 캐슈너트 50g
생크림 125ml(고명으로 조금 더 준비)
무가염 버터 20g(잘게 다진 것)
꿀 2ts
건호로파 잎 1ts(부순 것)
파니르 치즈* 400g(2cm 크기 정육면체로 자른 것)
고수 잎 작게 한 줌(대강 다진 것. 고명으로 조금 더 준비)
플레인 난(126쪽 참조, 곁들임용)

* 인도, 파키스탄 등 남아시아 지역에서 많이 먹는 응고 치즈. 코티지 치즈와 비슷하다.

바닥이 두껍고 넓은 프라이팬에 기 버터를 넣고 중약불에 달군다. 양파와 소금 ½ts을 넣고 양파가 노릇노릇해질 때까지 이따금 저으며 10~15분간 볶는다. 생강 마늘 페이스트를 넣고 향이 올라올 때까지 2분간 볶는다. 고춧가루, 강황가루, 풋고추를 넣고 1분간 볶는다. 토마토 파사타와 물 125ml를 넣고 중불로 올린다. 뚜껑을 열고 5~8분간 토마토의 물기가 날아가고 약간 되직해질 때까지 자주 저으며 끓인다.

그동안 캐슈너트를 작은 믹서로 간다.

생크림과 버터를 끓고 있는 소스에 넣고 버터가 녹을 때까지 저으며 끓인다. 간 캐슈너트, 꿀, 건호로파 잎을 넣고 잘 섞는다. 이때 소스가 너무 되직하면 끓는 물을 약간 넣는다. 파니르 치즈, 고수 잎을 넣고 치즈의 속까지 뜨거워지도록 잘 젓는다. 취향에 따라 간을 한다.

완성된 커리에 생크림과 고수를 조금 더 뿌리고 난을 곁들여 낸다.

4인분

고아식 채소 커리

Goan-Style Vegetable Curry

고아 주는 생선 커리와 맥주가 맛이 좋고, 사람들이 느긋하고 여유 넘치기로 잘 알려져 있지요. 하지만 이 지역에는 다양한 종류의 채식 커리도 있습니다. 그중에서도 이 채소 커리가 단연 최고입니다. 이곳에서 풍부하게 재배되는 코코넛으로 만들어 강하지 않으면서도 크리미한 풍미를 더해줍니다.

코코넛오일 또는 식물성 기름 2TS
콜리플라워 300g(꽃 부분만 작게 자른 것)
큰 감자 1개(껍질 벗겨 가로세로 1.5cm 크기로 자른 것)
양파 1개(다진 것)
토마토 1개(잘게 다진 것)
생강 마늘 페이스트 1TS
작은 풋고추 2개(썬 것)
큐민가루 ½ts
강황가루 ½ts
코코넛밀크 200ml
큰 당근 1개(다진 것)
깍지콩 150g(다듬고 썬 것)
코코넛 과육 30g(갓 간 것. 고명으로 조금 더 준비, 아래 '메모' 참조)
소금 ½ts
고수 잎 한 줌(다진 것, 고명으로 조금 더 준비)
타마린드 퓌레 1~2ts(취향에 따라)
바스마티 쌀밥(124쪽 참조, 곁들임용)

넓은 프라이팬에 준비한 기름의 반만 두르고 중불에 달군다. 콜리플라워와 감자를 넣고 약간 노릇해질 때까지 4~5분간 볶는다. 접시에 건져내 한쪽에 둔다.

나머지 기름을 모두 팬에 두른 뒤 양파를 넣고 부드러워질 때까지 5~6분간 볶는다. 토마토를 넣고 부드러워질 때까지 2분간 볶다가 생강 마늘 페이스트를 넣고 향이 나도록 볶는다. 풋고추와 큐민, 강황을 넣고 뒤적이며 2분간 향이 나도록 볶는다.

코코넛밀크와 물 250ml, 당근, 깍지콩, 코코넛 과육을 넣고 중불로 끓인다. 끓기 시작하면 불을 줄이고 소금으로 간을 한 뒤 뚜껑을 덮고 채소가 무를 때까지 10~12분간 졸인다. 고수 잎과 타마린드 퓌레를 취향에 따라 넣는다.

완성된 커리에 고수 잎과 갈아둔 코코넛 과육을 취향대로 조금 더 뿌리고 바스마티 쌀밥을 곁들여 낸다.

메모: 인도 식료품점에서 판매하는 냉동 코코넛 과육가루를 사용할 수도 있다.

다른 음식과 함께 나눠 먹는다면
4-6인분

사그 파니르 Saag Paneer

인도의 북부 지역 사람들은 집에서 만든 파니르 치즈를 먹으며 자랍니다. 펀자브 주는 전국에서 가장 우유 생산량이 많은 지역답게 집집마다 치즈가 아주 흔하지요. 그중 인기 있는 메뉴는 겨울 제철 푸성귀로 만드는 사그 파니르입니다. 이 레시피에서는 시금치만을 사용하지만 맛은 다른 레시피에 결코 뒤처지지 않습니다.

기 버터 2TS
파니르 치즈 300g(1.5cm 크기 정육면체로 자른 것)
소금
흑겨자씨 ½ts
양파 1개(얇게 썬 것)
마늘 3알(얇게 썬 것)
생강 조각 2cm(채썬 것)
고춧가루 ½ts
강황가루 ½ts
시금치 500g(씻어서 억센 줄기는 제거하고 잎은 대강 찢은 것)
가람 마살라 ¼ts
레몬즙(취향에 맞게 선택)

넓은 코팅팬에 기 버터 1TS를 넣고 중강불에 올린다. 파니르 치즈를 모든 면이 노릇노릇해지도록 잘 뒤집어가며 5~6분간 튀긴다. 필요하면 여러 번에 나누어 튀긴다. 접시에 건져내고 소금을 살짝 뿌린다.

남은 기 버터를 같은 팬에 넣고 중강불에 올린다. 겨자씨를 넣고 타닥타닥 소리가 날 때까지 잠시 둔다. 양파, 마늘, 생강, 고춧가루, 강황가루를 넣고 양파에서 색이 충분히 날 때까지 저어가며 4~5분간 볶는다.

찢은 시금치를 넣고 숨이 죽을 때까지 집게로 계속 뒤적인다(팬에 한 번에 다 들어가지 않는다면 여러 번에 나누어 넣는다). 튀겨놓은 파니르 치즈를 다시 팬에 넣어 데운다. 가람 마살라를 넣고 입맛에 맞게 간을 한다. 원한다면 레몬즙을 약간 뿌린다.

원하는 종류의 밥, 빵, 커리 등 다른 음식과 곁들여 낸다.

4인분

마탕가 에리세리

Mathanga Erissery

마탕가 에리세리는 케랄라 주의 추수 축제인 '오남' 축제 기간에 먹는 커리로, 호박과 콩에 향신료를 넣어 만듭니다. 매운 고추와 코코넛 페이스트가 들어가는 이 음식은 영양가 높은 비건식입니다.

늙은 호박 600g(껍질 벗겨 3cm 크기로 썬 것)
강황가루 ½ts
소금
코코넛 과육 60g(갓 갈아낸 것. 냉동 과육가루로 대체 가능)
긴 풋고추 2개(대강 다진 것)
큐민가루 2ts
카슈미르산 고춧가루 1ts
통조림 팥 400g(헹구고 물기 뺀 것)
바스마티 쌀밥(124쪽 참조, 곁들임용)

에리세리 타드카 재료
코코넛오일 2TS
흑겨자씨 ½ts
건고추 2개
커리 잎 약 30장
코코넛 과육 30g(갓 갈아낸 것. 냉동 과육 가루로 대체 가능)

소스팬에 호박과 강황가루를 넣고 소금을 넉넉히 뿌린 다음 호박이 살짝 잠길 만큼 물을 붓는다. 잘 저어서 섞은 뒤 강불에 올리고 끓기 시작하면 불을 줄이고 호박이 알맞게 부드러워질 때까지 6~8분간 뭉근하게 끓인다. 호박을 건져내고 물은 버리지 않고 한쪽에 둔다.

코코넛 과육, 풋고추, 큐민가루, 고춧가루를 블렌더나 작은 믹서로 갈아서 페이스트를 만든다. 잘 갈리지 않는다면 물을 살짝 넣고 간다.

소스팬에 호박, 페이스트, 팥, 호박 삶은 물 80ml를 넣는다. 약불에서 저어가며 8~10분간 끓인다. 이때 호박을 살살 으깬다.

타드카 만드는 법: 프라이팬에 코코넛오일을 두르고 중불에 달군다. 겨자씨를 넣고 타닥타닥 소리가 나면 건고추와 커리 잎을 넣는다. 몇 초간 지글지글 볶다가 코코넛 과육을 넣는다. 뒤적거리면서 코코넛이 살짝 노릇노릇해질 때까지 1~2분간 볶는다. 약간만 남기고 커리에 넣고 섞는다. 나머지는 먹기 전에 위에 숟가락으로 떠서 올린다.

바스마티 쌀밥과 함께 낸다.

4인분

말라이 코프타* Malai Kofta

맛본 사람은 누구나 깜짝 놀랄 만큼 좋아하는 말라이 코프타는 파티 음식에 안성맞춤입니다. 코프타는 소스를 따로 내어 찍어 먹어도 좋고, 마지막에 커리에 버무려 내도 좋습니다.

감자 400g(수분기가 적은 품종)
소금, 파니르 치즈 100g(간 것)
캐슈너트 1TS(잘게 다진 것)
건포도 1TS(잘게 다진 것)
옥수수전분 3TS
가람 마살라 ½ts
고춧가루 ⅔ts(선택)
식물성 기름(튀김용)
생크림 60ml
바스마티 쌀밥(124쪽 참조, 곁들임용)

말라이 코프타 소스 재료
식물성 기름 80ml
양파 1개(잘게 다진 것)
생강 마늘 페이스트 1TS
토마토 파사타 500g(토마토 퓌레로 대체 가능)
캐슈너트 2TS(곱게 간 것)
소금, 큐민 1ts, 고수씨가루 1ts
강황가루 ½ts, 생월계수 잎 또는 건월계수 잎 1장
시나몬 스틱 1개, 정향 4개
그린 카다멈 꼬투리 3개(으깬 것)
건호로파 잎 ½ts(부순 것)
가람 마살라 ½ts

감자는 껍질을 벗기고 소스팬에 넣는다. 찬물을 붓고 소금을 넉넉히 넣어 부드러워질 때까지 삶는다. 다 익으면 건져내고 으깬 뒤 식힌다.

감자, 파니르 치즈, 캐슈너트, 건포도, 옥수수전분, 가람 마살라, 고춧가루(선택), 소금 ½ts을 볼에 넣고 치대어 코프타 반죽을 만든다. 반죽이 한 덩어리가 되면 12등분하고 각각 공 모양으로 빚어 한쪽에 놓는다.

소스 만드는 법: 준비한 기름의 ¾을 프라이팬에 두르고 약불에 올린다. 양파와 생강 마늘 페이스트를 넣고 10분간 볶는다. 토마토 파사타, 캐슈너트, 물 250ml를 넣고 약간 되직해질 때까지 5~7분간 뭉근하게 끓인다. 소금으로 취향에 따라 간한다. 믹서에 옮겨서 부드러운 소스가 되도록 간다. 사용한 팬은 깨끗이 닦아낸다.

나머지 기름을 팬에 두르고 중불에 올린다. 큐민, 고수씨가루, 강황가루, 월계수 잎, 시나몬 스틱, 정향, 그린 카다멈 꼬투리를 넣고 향이 나도록 1분간 볶는다. 소스를 다시 팬에 붓고 건호로파 잎과 가람 마살라를 넣는다. 잘 섞으며 데운다.

소스팬에 튀김용 기름을 넣고 주방용 온도계를 이용해 190°C로 예열한다. 빚어둔 코프타 반죽을 여러 번에 나누어서 모든 면이 골고루 노릇노릇해지도록 2~3분씩 튀긴다. 키친타월을 깐 접시에 건져 기름기를 빼고 만들어 소스에 넣어 살살 버무린다.

접시에 담고 그 위에 생크림을 뿌린다. 바스마티 쌀밥을 곁들여 낸다.

* 다진 고기나 채소를 둥글게 빚어 만든 음식. 완자와 비슷하다. 남아시아, 중동 등지에서 많이 먹는다.

4인분

빈디 마살라 Bhindi Masala

오크라는 특유의 점액질 때문에 요리하기가 까다로운 재료입니다. 하지만 튀겨서 토마토처럼 새콤한 재료와 함께 요리하면 끈적한 식감을 줄일 수 있습니다. 빈디 마살라는 다소 덜 알려져 있지만 오크라의 식감을 걱정하지 않고 맛있게 즐길 수 있는 훌륭한 음식입니다.

식물성 기름 또는 땅콩기름 125ml
오크라 500g(끝부분을 다듬은 것)
큰 양파 1개(잘게 다진 것)
생강 마늘 페이스트 1TS
큐민가루 2ts
고수씨가루 2ts
고춧가루 1ts
강황가루 ½ts
큰 토마토 4개(대강 다진 것)
소금
가람 마살라 1ts
고수 잎 작게 한 줌(다진 것)
암추르* ¼~½ts(선택)
차파티(131쪽 참조) 또는
플레인 난(126쪽 참조) 또는
바스마티 쌀밥(124쪽 참조,
곁들임용)

* 덜 익은 그린 망고를 말려서 가루로 빻은 향신료. 새콤한 맛이 난다.

준비한 기름 중 2TS을 깊은 튀김용 프라이팬에 두르고 중강불에 달군다. 오크라 절반을 넣고 뒤적이며 겉이 노릇노릇해지고 약간 쪼그라들 때까지 10분간 튀긴다. 접시에 건져내고 나머지 절반도 기름 2TS을 추가로 두르고 같은 방법으로 튀긴다. 튀겨낸 오크라는 한데 모아둔다.

같은 팬에 나머지 기름을 모두 넣고 중불로 달군다. 양파를 넣고 부드러워질 때까지 5~8분간 볶는다. 생강 마늘 페이스트와 큐민가루, 고수씨가루, 고춧가루, 강황가루를 넣고 향이 올라올 때까지 2분간 저으며 볶는다. 토마토, 소금 ½ts, 튀긴 오크라, 물 125ml를 넣고 오크라가 푹 무를 때까지 뚜껑을 덮고 5분간 익힌다. 가람 마살라, 고수 잎, 암추르를 넣고 섞은 뒤 소금으로 취향에 맞게 간을 한다.

차파티 또는 난, 바스마티 쌀밥을 곁들여 낸다.

4-6인분

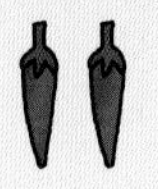

알루 커리 Aloo Curry

알루 커리는 손가락 하나 까딱할 기운도 없을 때 만들기 가장 쉬운 커리입니다. 인도 전역에서 널리 사랑받는 재료인 감자는 어떤 커리에 넣어도 맛이 속까지 잘 배어듭니다. 다른 채소를 추가로 원한다면 냉동 완두콩을 넣어도 잘 어울리며, 인도식 잔칫상의 한 가지 메뉴로도 손색이 없습니다.

기 버터 또는 식물성 기름 3TS
흑겨자씨 1ts
큐민 ½ts
커리 잎 약 15장
양파 1개(다진 것)
토마토 2개(다진 것)
긴 풋고추 1개(얇게 썬 것. 고명으로 조금 더 준비)
고수씨가루 2ts
카슈미르산 고춧가루 2ts
강황가루 ½ts
감자 600g(수분기 많은 품종, 씻어서 2cm 크기로 깍둑썰기한 것)
소금 1ts
코코넛밀크 125ml
고수 잎 크게 한 줌(대강 다진 것. 고명으로 조금 더 준비)
건호로파 잎 1ts(부순 것)
바스마티 쌀밥(124쪽 참조) 또는 파라타(128쪽 참조, 곁들임용)

넓은 코팅팬에 기 버터 또는 식물성 기름을 넣고 중강불에 올린다. 흑겨자씨, 큐민, 커리 잎을 타닥타닥 소리가 날 때까지 몇 초간 볶는다. 양파를 넣고 중불로 줄인 뒤 3분간 뒤적이며 양파가 부드러워질 때까지 볶는다. 토마토, 풋고추, 고수씨가루, 고춧가루, 강황가루를 넣고 토마토가 으깨질 때까지 2~3분간 볶는다. 감자, 소금, 물 250ml를 넣고 끓인다. 끓기 시작하면 불을 줄이고 뚜껑을 덮은 뒤 감자가 부드러워질 때까지 15~20분간 뭉근하게 익힌다.

코코넛밀크를 넣고 잘 저은 뒤 다시 졸인다. 불을 끄고 고수 잎과 호로파 잎을 넣고 섞는다.

고추와 고수 잎을 고명으로 조금 더 얹고 바스마티 쌀밥이나 파라타를 곁들여 낸다.

4인분

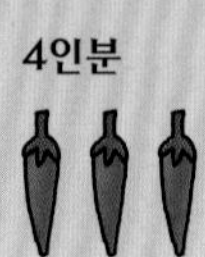

삼바르 Sambar

삼바르는 렌틸콩 베이스 소스에 채소를 넣어 만든 훌륭한 스튜입니다. 인도 남부의 음식으로, 주로 우라드콩과 쌀로 만든 인도식 떡 '이들리'나 부침개 '도사'에 곁들여 먹습니다.

삼바르 마살라 재료

건고추 4개, 고수씨 1TS, 병아리콩 1TS
시나몬 스틱 2.5cm(부러뜨린 것)
큐민 1ts, 호로파씨 ½ts,
커리 잎 약 15장, 코코넛가루 1½TS
아사푀티다 한 꼬집

붉은 렌틸콩 250g(깨끗이 씻은 것)
카슈미르산 고춧가루 1ts, 소금
강황가루 ¼ts, 식물성 기름 1TS
작은 아시안 샬롯 12개(껍질 깐 것. 양파 약 3개로 대체 가능)
드럼스틱 100g(깨끗이 문질러 닦은 뒤 얇게 썬 것)
콜리플라워 150g(꽃 부분)
작은 가지 1개(깍둑썰기한 것)
큰 토마토 1개(깍둑썰기한 것)
타마린드 퓌레 2ts, 재거리* 1~2ts(간 것)
고수 잎 크게 한 줌(다진 것)
바스마티 쌀밥(124쪽 참조, 곁들임용)

삼바르 타드카 재료

기 버터 또는 식물성 기름 1TS
큐민 ½ts, 겨자씨 ½ts
호로파씨 ¼ts, 커리 잎 약 15장

삼바르 마살라 만드는 법: 코코넛가루와 아사푀티다를 제외한 모든 재료를 아무것도 두르지 않은 프라이팬에 넣고 약불에 올린다. 향이 올라올 때까지 3~4분간 계속 뒤적이며 볶는다. 코코넛가루를 넣고 저으며 노릇노릇해질 때까지 1~2분간 볶는다. 식힌 뒤 향신료 분쇄기에 넣고 가루로 만든다. 유리병에 담아두고 팬트리에서 3개월까지 보관할 수 있다.

넓은 소스팬에 붉은 렌틸콩, 고춧가루, 소금 ½ts, 강황가루, 물 750ml를 넣고 중불에 올린다. 끓기 시작하면 불을 약하게 줄이고 이따금 저어가며 꽤 되직해질 때까지 25~30분간 뭉근하게 끓인다.

넓은 소스팬에 식물성 기름을 두르고 중불에 올린다. 샬롯, 드럼스틱, 콜리플라워, 가지를 넣고 이따금 저어가며 채소가 살짝 노릇노릇해질 때까지 3~4분간 볶는다. 토마토를 넣고 재료가 살짝 잠길 정도로 물을 붓고 잘 젓는다. 끓어오르면 불을 약하게 줄이고 5분간 끓인다. 삼바르 마살라 2TS, 타마린드 퓌레, 준비한 재거리 절반을 넣는다. 채소가 완전히 부드럽게 익을 때까지 뭉근하게 졸인다. 소금으로 간을 하고 앞서 익혀둔 렌틸콩을 넣고 섞는다. 5분간 더 끓인 뒤 고수 잎을 섞고, 필요하면 취향에 맞게 소금, 타마린드 퓌레, 재거리로 간을 더 한다.

삼바르 타드카 만드는 법: 프라이팬에 기 버터 또는 기름을 넣고 중불에 올린다. 큐민, 겨자씨, 호로파씨를 넣고 잠시 타닥타닥 소리가 나도록 두다가 커리 잎을 넣고 30초간 볶는다. 완성된 타드카를 삼바르에 올리고 곧바로 바스마티 쌀밥을 곁들여 낸다.

* 사탕수수즙이나 야자수 수액으로 만든 남아시아 전통 비정제 설탕. 보통 덩어리로 되어 있다.

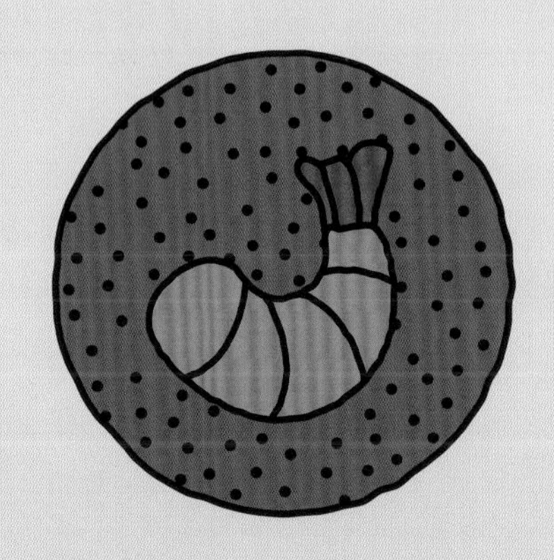

해산물

Seafood

4인분

탄두리 피시 티카* 마살라 Tandoori Fish Tikka Masala

티카는 주로 에피타이저로 먹는 음식이지만 생선 티카에 토마토 마살라 양념을 곁들이면 한층 훌륭한 요리로 거듭납니다. 소스를 미리 만들어두었다가 먹기 직전 생선이 따끈따끈할 때 소스를 끼얹어 바로 내기만 하면 조리 시간을 줄일 수 있습니다.

무가당 플레인 요구르트 125g
탄두리 커리 페이스트(132쪽 참조) 3TS
스테이크용 손질 고등어 150g짜리 4조각
기 버터 또는 식물성 기름 2TS
큰 양파 1개(얇게 썬 것)
소금 ½ts
생강 마늘 페이스트 1TS
긴 홍고추 1개(얇게 썬 것. 고명으로 잘게 다져서 조금 더 준비)
고수씨가루 2ts
카슈미르산 고춧가루 1ts
강황가루 ½ts
토마토 파사타 250g(토마토 퓌레로 대체 가능)
코코넛밀크 125ml(고명으로 조금 더 준비)
아몬드 25g(간 것)
고수 잎 한 줌(대강 다진 것. 고명으로 조금 더 준비)
바스마티 쌀밥(124쪽 참조, 곁들임용)

* 고기나 채소 조각을 요구르트와 향신료에 재워 전통 화덕인 탄두르에 구워낸 요리.

커다란 볼에 무가당 플레인 요구르트와 탄두리 커리 페이스트를 넣고 섞은 뒤 고등어를 넣고 겉면에 골고루 묻힌다. 뚜껑을 덮고 냉장고에 1시간 동안 재운다.

그릴 또는 브로일러를 강불로 달구고 베이킹 트레이에 쿠킹 포일을 깐다. 고등어를 그 위에 올린 뒤 고등어의 겉면은 살짝 타고 안쪽은 막 익기 시작할 때까지 한쪽 면당 6~8분씩 굽는다.

생선이 구워지는 동안 기 버터 또는 식물성 기름을 바닥이 두껍고 넓은 프라이팬에 넣고 중약불에 올린다. 양파와 소금을 넣고 양파가 충분히 노릇노릇해질 때까지 이따금 저어가며 10~15분간 볶는다. 생강 마늘 페이스트, 홍고추를 넣고 저어가며 향이 올라오도록 2분간 볶는다. 고수씨가루, 고춧가루, 강황가루를 넣고 1분간 볶다가 토마토 파사타, 코코넛밀크, 아몬드, 물 125ml를 넣고 끓인다. 끓기 시작하면 불을 줄이고 뚜껑을 연 채로 자주 저어가며 소스가 졸아들어 살짝 되직해질 때까지 6~8분간 끓인다. 고수 잎을 넣고 섞는다.

고등어를 넣고 숟가락을 이용해 소스를 끼얹는다. 고등어가 속까지 완전히 익도록 몇 분간 더 졸인다. 취향에 맞게 간한다.

완성된 음식 위에 고명으로 코코넛밀크, 고수 잎, 홍고추를 뿌린다. 바스마티 쌀밥과 곁들여 낸다.

4인분

케랄라식 피시 커리

Kerala-Style Fish Curry

케랄라 주에는 다양한 생선 레시피가 있는데 대부분 어떤 형태로든 코코넛이 꼭 들어갑니다. 코코넛이 아주 풍부하기 때문입니다. 이 레시피는 맛이 지나치게 강하지 않고 은은합니다. 향신료가 적절히 가미된 코코넛 소스가 생선에 알맞게 배어들어 바스마티 쌀밥과 아주 잘 어울립니다.

두껍고 단단한 흰살 생선 필레 600g(3cm 크기로 자른 것)
소금
강황가루 1ts
코코넛오일 2TS(녹인 것)
커리 잎 약 15장
아시안 샬롯 2개(얇게 썬 것. 양파 ½개로 대체 가능)
생강 조각 3cm(가늘게 채썬 것)
긴 홍고추 1개(얇게 썬 것)
고춧가루 ½ts
파프리카가루 1TS
타마린드 퓌레 1~2ts(취향에 맞게)
흑후춧가루(바로 간 것)
코코넛밀크 300ml
고수 잎(다진 것, 고명용)
바스마티 쌀밥(124쪽 참조, 곁들임용)

생선에 소금 약간, 강황가루 ¼ts을 뿌리고 살살 섞어 겉면에 골고루 묻힌다. 뚜껑을 덮고 한쪽에 둔다.

넓은 프라이팬에 코코넛오일을 넣고 중강불에 올린다. 커리 잎을 넣고 잠시 타닥타닥 소리가 나게 둔 뒤, 아시안 샬롯을 넣고 갈색빛이 돌기 시작할 때까지 이따금 저어가며 4~5분간 볶는다. 생강 조각과 홍고추를 넣고 향이 날 때까지 1분간 볶는다. 물 250ml, 나머지 강황가루, 고춧가루, 파프리카가루, 타마린드 퓌레 1ts을 넣는다. 소금과 후추를 넉넉히 넣어 간을 한 뒤 불을 약불로 줄이고 이따금 저어가며 5분간 졸인다. 코코넛밀크를 넣고 다시 졸인다.

생선을 넣고 살살 저어가며 속까지 딱 알맞게 익을 때까지 8~10분간 익힌다. 골고루 익을 수 있도록 생선 위에 숟가락으로 소스를 계속 끼얹는다. 맛을 보고 원하면 타마린드 퓌레를 조금 더 넣는다.

고수 잎을 뿌리고 바스마티 쌀밥을 곁들여 낸다.

4인분

고아식 새우 커리

Goan-Style Prawn Curry

이 요리를 직접 만들어본다면 고아 주 사람들이 그토록 새우 커리에 자부심을 갖는 이유를 알게 될 것입니다. 새우를 지나치게 익히지 않는 것이 이 요리의 핵심입니다. 여기에 라임 조각까지 곁들여 새콤함을 더해 보세요. 아마 순식간에 한 그릇을 뚝딱 해치우고 한 그릇을 더 먹지 않고는 배길 수 없게 될 것입니다.

땅콩기름 1TS
양파 1개(잘게 다진 것)
작은 토마토 1개(잘게 다진 것)
생강 마늘 페이스트 1TS
파프리카가루 2ts
고수씨가루 1ts
큐민가루 ½ts
흑후춧가루 ½ts(바로 간 것)
카옌 페퍼* ½ts
코코넛밀크 300ml
생새우 1kg(껍데기, 내장은 제거하고 꼬리는 남겨둔 것)
소금 ½ts
타마린드 퓌레 1~2ts(취향에 맞게)

곁들임용
고수 잎
바스마티 쌀밥(124쪽 참조)
라임 조각

* 고추의 한 종류로 강한 매운맛이 특징이다. 맵고 고운 고춧가루로 대체 가능하다.

넓은 프라이팬에 땅콩기름을 두르고 중불에 올린다. 양파를 넣고 이따금 저어가며 양파가 부드러워지고 노릇노릇해질 때까지 6~8분간 볶는다. 토마토를 넣고 부드러워질 때까지 2분간 볶는다. 생강 마늘 페이스트를 넣고 향이 올라올 때까지 볶는다. 파프리카가루, 고수씨가루, 큐민가루, 흑후춧가루, 카옌 페퍼를 넣고 저어가며 2분간 더 볶는다.

코코넛밀크를 넣고 끓이다가 끓기 시작하면 불을 줄이고 새우, 소금, 타마린드 퓌레를 넣고 졸인다. 저어가며 새우가 딱 알맞게 익을 때까지 4~5분간 익힌다.

고수 잎을 뿌리고 바스마티 쌀밥을 곁들여 낸다. 즙을 짜서 뿌릴 수 있도록 라임 조각도 올린다.

4인분

다히 마치 Dahi Machi

요구르트는 인도 음식에서 많이 쓰이지만 가열하면 분리될 수 있어 다루기가 쉽지만은 않은 재료입니다. 요구르트에 물을 살짝 넣어 섞은 뒤 커리에 넣어 보세요. 이렇게 하면 요구르트가 분리되지 않을 뿐만 아니라 완성된 커리의 식감도 부드러워지고 풍미도 짙어집니다.

두껍고 단단한 흰살 생선 필레 600g
(4cm 크기로 자른 것)
소금
강황가루 1½ts
겨자유 또는 식물성 기름 2TS
작은 양파 1개(퓌레로 간 것)
생강 2ts(곱게 간 것)
고춧가루 1ts
시나몬가루 ¼ts
무가당 플레인 요구르트 250g
고수 잎 한 줌
작은 풋고추 1~2개(잘게 다진 것)
바스마티 쌀밥(124쪽 참조, 곁들임용)

생선에 소금 약간, 강황가루 ½ts을 뿌리고 겉면에 골고루 묻힌다. 15분간 한쪽에 둔다.

넓은 프라이팬에 겨자유 또는 식물성 기름을 두르고 연기가 날 때까지 중강불에 달군다. 불을 약간 줄인 뒤 생선 조각을 여러 번에 나누어 팬에 넣고 모든 면이 노릇노릇 갈색 빛이 되도록, 하지만 속은 다 익지 않도록 주의하며 2~3분씩 튀겨낸다. 튀긴 생선은 접시에 건져낸다.

같은 팬에 양파 퓌레와 소금 ½ts를 넣고 갈색 빛이 돌기 시작할 때까지 이따금 저어가며 10~12분간 익힌다. 생강, 나머지 강황가루, 고춧가루, 시나몬가루, 물 1TS을 넣고 향이 올라올 때까지 2~3분간 볶는다. 불을 중약불로 줄이고 물 125ml와 무가당 플레인 요구르트를 넣는다. 천천히 온도를 올려 계속 저어가며 뭉근하게 끓인다.

튀겨낸 생선을 소스에 넣고 살살 섞은 뒤 생선이 속까지 잘 익도록 3~4분간 졸인다. 입맛에 맞게 간을 한다.

고수 잎과 풋고추를 고명으로 뿌리고 바스마티 쌀밥과 곁들여 낸다.

4인분

홍합 커리 Mussels in Curry Sauce

고아 주에서 '시나네오'라고 하는 홍합은 굉장히 인기 있는 식재료입니다. 눈부시게 깨끗한 해변가에 띄엄띄엄 자리한 오두막들을 따라 걷다 보면 자신만의 비법 레시피로 만든 홍합 커리 가게들을 볼 수 있습니다. 이번에 소개하는 레시피는 가벼우면서도 새콤해서 홍합 고유의 섬세한 풍미를 한층 돋웁니다.

기 버터 또는 식물성 기름 3TS
양파 3개(잘게 다진 것)
소금
생강 마늘 페이스트 1TS
긴 풋고추 2개(씨 빼고 다진 것, 고명으로 얇게 썰어서 조금 더 준비)
강황가루 1ts
고수씨가루 1TS
토마토 1개(다진 것)
고수 크게 한 줌(줄기와 잎사귀 따로 다진 것)
홍합 1kg(깨끗이 문질러서 씻고 다듬은 것)
바스마티 쌀밥(124쪽 참조) 또는 파라타(128쪽 참조, 곁들임용)

바닥이 두껍고 넓은 소스팬에 기 버터 또는 식물성 기름을 넣고 중약불에 달군다. 양파, 소금 ½ts를 넣고 수시로 저으며 양파가 노릇노릇해질 때까지 15~20분간 볶는다. 생강 마늘 페이스트, 풋고추, 강황가루, 고수씨가루를 넣고 저어가며 향이 날 때까지 2~3분간 볶는다. 토마토, 고수 줄기, 물 250ml를 넣고 끓인다. 끓기 시작하면 5분간 뭉근하게 익힌다. 취향에 따라 간한다.

홍합을 넣고 뚜껑을 덮어 익힌다. 팬을 흔들고 30초마다 저어서 섞는다. 입이 벌어진 홍합은 재빨리 넓은 볼에 건져낸다. 홍합이 다 벌어지면 건져 둔 홍합을 전부 다시 팬에 넣고 약하게 끓인다(벌어지지 않은 홍합은 버린다). 고수 잎과 풋고추를 고명으로 뿌린다.

곧바로 바스마티 쌀밥 또는 파라타와 곁들여 낸다.

4인분

새우 말라이 Prawn Malai

벵골 지방의 해산물 요리는 매우 유명합니다. 새우 말라이도 예외가 아니지요. 두툼하고 육즙이 가득한 새우를 코코넛 소스에 부드럽게 익힌 요리를 누가 싫어할까요? 게다가 이 요리는 완성하는 데 20분도 채 걸리지 않으니 금상첨화지요. 이보다 더 맛있으면서도 쉬운 레시피는 없습니다.

겨자유 또는 기 버터 60ml
큰 시나몬 스틱 1개
생 또는 건월계수 잎 2장
양파 2개(잘게 다진 것)
생강 마늘 페이스트 2TS
큐민 1ts
카슈미르산 고춧가루 1ts
강황가루 2ts
큰 생새우 24마리(껍데기, 내장은 제거하고 꼬리는 남겨둔 것)
코코넛밀크 500ml
소금 1ts
설탕 ½ts
가람 마살라 1ts
라임 또는 레몬 조각(곁들임용)
바스마티 쌀밥(124쪽 참조, 곁들임용)

바닥이 두꺼운 소스팬 또는 프라이팬에 겨자유 또는 기 버터를 넣고 중불에 달군다. 시나몬 스틱, 월계수 잎을 넣고 1분간 향을 낸다. 약불로 줄인 뒤 양파를 넣고 양파가 부드러워지면서 살짝 노릇노릇해질 때까지 10분간 볶는다. 생강 마늘 페이스트를 넣고 2분간 더 볶는다. 큐민, 고춧가루, 강황가루, 새우를 넣고 1분간 뒤적인다. 코코넛밀크, 물 80ml, 소금, 설탕을 넣고 새우가 다 익을 때까지 5분간 뭉근하게 익힌다. 가람 마살라를 위에 뿌린다.

라임 또는 레몬 조각을 뿌릴 수 있게 옆에 올리고 바스마티 쌀밥을 곁들여 낸다.

4인분

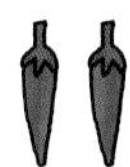

벵골식 피시 커리

Bengali Fish Curry

벵골 사람들은 생선을 매우 즐겨 먹습니다. 점심이든 저녁이든, 약혼식이든 결혼식이든 빠지지 않고 생선이 식탁에 오르지요. 이 레시피는 굉장히 간단합니다. 겨자 페이스트가 생선 맛을 해치지 않으면서도 고추냉이처럼 톡 쏘는 맛을 살짝 더해줍니다. 가장 맛있게 먹으려면 포크나 숟가락은 내려놓고 손으로 들고 먹는 것을 추천합니다.

스테이크용 고등어 150~200g짜리 4조각
소금
강황가루 1ts
흑겨자씨 ¾ts
황겨자씨 ½ts
작은 양파 1개(대강 다진 것)
작은 풋고추 6개 또는 긴 풋고추 4개
겨자유 또는 식물성 기름 60ml
생 또는 건월계수 잎 4장
레몬 조각(곁들임용)
바스마티 쌀밥(124쪽 참조, 곁들임용)

소금 약간과 준비한 강황가루의 절반을 고등어에 뿌리고 손으로 골고루 문지른다.

흑겨자씨와 황겨자씨를 향신료 분쇄기 또는 절구를 이용해 빻는다. 흑겨자씨와 황겨자씨, 양파, 준비한 풋고추의 절반을 믹서 또는 블렌더로 곱게 간다. 가는 데 필요하다면 물을 약간 넣는다.

프라이팬에 겨자유 또는 식물성 기름을 두르고 중강불에 달군다. 고등어를 팬에 올리고 살짝 노릇노릇해질 때까지 한쪽 면당 1~2분씩 굽는다. 접시에 옮긴다.

갈아뒀던 양파, 나머지 강황가루, 소금 ½ts, 월계수 잎을 팬에 넣고 불을 중불로 낮춘 뒤 향이 올라올 때까지 3분간 익힌다. 물 375ml를 붓고 끓인다. 5분간 뭉근하게 끓이다가 고등어, 풋고추를 넣는다. 중약불로 낮춘 후 뚜껑을 덮고 생선이 속까지 잘 익을 때까지 5~6분간 조린다. 싱겁다면 소금으로 간을 더 한다.

레몬 조각과 바스마티 쌀밥을 곁들여 낸다.

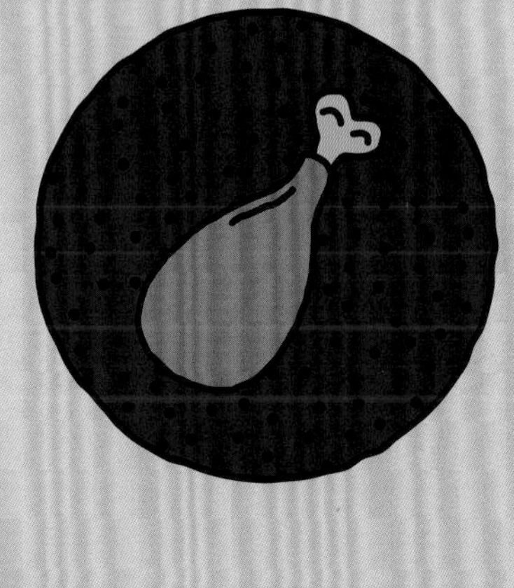

닭고기

Chicken

4인분

클래식 버터 치킨

Classic Butter Chicken

버터 치킨은 전 세계에서 가장 유명한 인도 음식 중 하나입니다. 잘 만든 버터 치킨은 입에 넣으면 미뢰 하나하나가 깨어나는 듯한 기분을 선사합니다. 맛의 비밀은 소스에 있는데, 제대로 된 레시피만 익혀두면 만들 때마다 그 맛에 놀라게 될 것입니다.

껍질을 제거하지 않은 닭 허벅지살 8조각(약 1.5kg)
무가당 플레인 요구르트 125g
탄두리 커리 페이스트3TS(132쪽 참조)
기 버터 2TS
식물성 기름 2TS
큰 양파 2개(다진 것)
소금 1ts
생강 마늘 페이스트 1TS
고춧가루 1ts
강황가루 2ts
긴 풋고추 1개(다진 것)
토마토 파사타 425g(토마토 퓌레로 대체 가능)
생크림 180ml
무염버터 40g(다진 것)
생캐슈너트 75g
꿀 4ts
건호로파 잎 1TS(부순 것)
고수 잎 작게 한 줌(대강 다진 것)
플레인 난(126쪽 참조, 곁들임용)

날카로운 칼로 닭 허벅지살을 반으로 자른다. 넓은 볼에 닭고기, 무가당 플레인 요구르트, 탄두리 커리 페이스트를 넣고 섞는다. 뚜껑을 덮고 최소 30분에서 최대 하룻밤 냉장실에서 재운다.

그릴팬 또는 바닥이 두꺼운 프라이팬을 강불에 달군다. 닭고기의 겉에 묻은 양념을 떨어낸 뒤 겉은 살짝 타고 속은 다 익지 않을 정도로 한쪽 면당 3~4분씩 굽는다. 접시에 옮겨 담아 한쪽에 둔다.

그동안 바닥이 두껍고 넓은 프라이팬에 기 버터와 식물성 기름을 넣고 중약불에 올린다. 양파, 소금을 넣고 이따금 저어가며 양파가 충분히 노릇노릇해질 때까지 10~15분간 볶는다. 생강 마늘 페이스트를 넣고 향이 올라오도록 2분간 볶는다. 고춧가루, 강황가루, 풋고추를 넣고 1분간 더 볶는다. 토마토 파사타를 넣은 뒤 중불로 키우고 뚜껑을 연 채 수분이 날아가 약간 되직해지도록 5~10분간 끓인다. 생크림과 무염버터를 넣고 버터가 녹을 때까지 저어가며 끓인다.

생캐슈너트를 믹서에 넣고 곱게 갈아 팬에 넣는다. 구워둔 닭고기, 꿀, 건호로파 잎을 넣고 자주 저어가며 닭고기가 속까지 익도록 5~6분간 끓인다. 고수 잎을 섞고 취향에 따라 간한다.

플레인 난을 곁들여 낸다.

4인분

탄두리 치킨 Tandoori Chicken

'탄두르tandoor'는 땅속에 묻고 장작이나 숯으로 불을 때는 진흙 화덕입니다. 가까이 가면 눈에서 눈물이 날 정도로 뜨거운 480℃까지 올라가기 때문에 양념한 고기를 순식간에 구울 수 있지요. 아쉽게도 뒷마당에 탄두르가 있는 집은 많지 않지만 일반 가정용 오븐으로도 탄두리 치킨을 맛있게 만들 수 있습니다.

토막내지 않은 닭 1.5kg
무가당 플레인 요구르트 180g
탄두리 커리 페이스트 125g
(132쪽 참조)
고수 잎(곁들임용)
레몬 조각(곁들임용)
플레인 난(126쪽 참조, 곁들임용)

먼저 닭 가운데를 갈라 넓고 납작하게 만든다. 주방용 가위를 이용해 척추의 양쪽을 따라 자르고 척추뼈를 제거한다. 닭을 깨끗한 작업대에 뒤집어놓고 갈비뼈가 납작해지도록 손바닥 아래쪽으로 힘껏 누른다.

가슴살, 허벅지살, 다릿살의 가장 두꺼운 부분에 1cm 깊이로 칼집을 낸다.

무가당 플레인 요구르트와 탄두리 커리 페이스트를 볼에 넣고 섞은 뒤 칼집 낸 부위에 양념이 잘 스며들도록 닭에 꼼꼼히 바른다. 유산지를 깐 베이킹 트레이에 닭을 올리고 잘 덮어 냉장고에서 2~4시간 동안 재운다.

오븐을 컨벡션 모드*에서 240°C로 예열한다.

30분간 굽다가 겉이 살짝 타기 시작하면 온도를 150°C로 낮추고 속까지 다 익도록 5~10분간 더 굽는다. 오븐에서 꺼낸 뒤 포일로 느슨하게 덮고 10분간 휴지시킨다.

고수 잎을 뿌리고 레몬 조각과 난을 곁들여 낸다.

* 열풍을 일으켜 음식이 빠르게 골고루 익을 수 있게 하는 오븐의 한 가지 조리 방식.

4인분

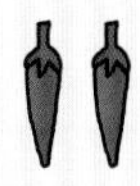

치킨 발티 Chicken Balti

이 음식의 유래에 관해서는 확실히 알려진 바도 없고 설도 많습니다만, '발티'는 닭을 조리하는 팬의 한 종류를 뜻합니다. 남아시아 지역에는 건강에 좋다는 이유로 무쇠로 된 팬이나 웍에 요리하는 문화가 있습니다. 그 덕에 발티로 만든 음식은 보기에 좋을 뿐 아니라 맛과 향도 아주 뛰어납니다.

기 버터 또는 식물성 기름 2TS
흑겨자씨 2ts
홍피망 1개(가로세로 1.5cm 크기로 썬 것)
큰 양파 1개(다진 것)
긴 풋고추 4개(세로로 가른 것)
생 또는 건월계수 잎 1장
생강 마늘 페이스트 2TS
캔 토마토 400g(으깬 것)
무가당 플레인 요구르트 60g
병아리콩가루 1TS
가람 마살라 2ts
고수씨가루 2ts
큐민가루 2ts
카슈미르산 고춧가루 1ts
강황가루 1ts
소금
껍질 벗긴 닭 허벅지살 600g(2.5cm 크기로 썬 것)
레몬즙(곁들임용)
흑후춧가루(바로 간 것)
고수 잎(대강 다진 것, 곁들임용)
바스마티 쌀밥(124쪽 참조, 곁들임용)

바닥이 두껍고 넓은 소스팬에 기 버터 또는 식물성 기름을 넣고 중불에 달군다. 흑겨자씨를 넣고 잠시 타닥타닥 소리가 나게 둔다. 홍피망, 양파, 풋고추, 월계수 잎을 넣고 이따금 뒤적여가며 채소가 노릇노릇해지면서 팬 바닥에 눌어붙기 시작할 때까지 10~12분간 볶는다. 생강 마늘 페이스트를 넣고 향이 올라올 때까지 30초간 볶는다. 캔 토마토, 무가당 플레인 요구르트, 병아리콩가루, 가람 마살라, 고수씨가루, 큐민가루, 고춧가루, 강황가루, 소금을 넣고 잘 섞는다. 끓기 시작하면 중약불로 낮추고 살짝 되직해질 때까지 10분간 끓인다. 닭고기를 넣고 소스와 잘 섞는다. 중불로 다시 키웠다 끓기 시작하면 불을 줄이고 뚜껑을 덮고, 이따금 저어가며 닭이 속까지 잘 익고 소스가 되직해질 때까지 15~20분간 뭉근하게 끓인다.

레몬즙, 흑후춧가루, 소금을 취향에 따라 추가한다.

고수 잎을 뿌리고 바스마티 쌀밥을 곁들여 낸다.

4인분

치킨 티카 마살라

Chicken Tikka Masala

치킨 티카 마살라를 싫어하는 사람이 있을까요? 영국에는 이 메뉴가 없는 인도 음식점이 없으며, 식당마다 자신들의 치킨 티카 마살라가 최고라고 하지요. 치킨 티카 마살라를 만들 때 가장 중요한 점은 닭의 육즙이 빠져나가지 않게 막으면서 부드럽게 굽는 것입니다. 그렇게 해야 토마토 소스에 넣었을 때 양념이 잘 배어들 수 있기 때문입니다.

껍질 벗긴 닭 허벅지살 1kg
(4cm 크기로 자른 것)
무가당 플레인 요구르트 125g
(고명으로 조금 더 준비)
탄두리 커리 페이스트 3TS(132쪽 참조)
기 버터 2TS
식물성 기름 2TS
양파 2개(다진 것)
생강 마늘 페이스트 1½TS
긴 풋고추 2개(썬 것)
소금
고수씨가루 1TS
강황가루 2ts
파프리카가루 2ts
가람 마살라 1ts
캔 토마토 400g(으깬 것)
코코넛밀크 400ml
아몬드가루 60g
고수 잎 작게 한 줌(대강 다진 것)
아몬드 플레이크 2TS(볶은 것)
바스마티 쌀밥(124쪽 참조)과
파파담(곁들임용)

넓은 볼에 닭, 무가당 플레인 요구르트, 탄두리 커리 페이스트를 넣고 섞는다. 뚜껑을 씌운 뒤 냉장고에서 30분에서 2시간 동안 재운다.

그릴팬 또는 바닥이 두꺼운 프라이팬을 강불에 달군다. 닭고기의 겉에 묻은 양념을 떨어낸 뒤 겉은 살짝 타고 속은 다 익지 않을 정도로 한쪽 면당 3~4분씩 굽는다. 접시에 옮겨 담아 한쪽에 둔다.

바닥이 두꺼운 프라이팬에 기 버터와 식물성 기름을 넣고 중약불에 달군다. 양파, 생강 마늘 페이스트, 풋고추, 소금 ½ts을 넣고 이따금 저어가며 양파가 충분히 노릇노릇해지도록 볶는다. 고수씨가루, 강황가루, 파프리카가루, 가람 마살라를 넣고 향이 올라오도록 1분간 저으며 볶는다. 캔 토마토를 넣고 중불로 키운다. 끓기 시작하면 뚜껑을 열어 두고 자주 저어가며 살짝 되직해질 때까지 5~10분간 끓인다. 코코넛밀크를 넣고 소스가 졸아들 때까지 15~20분간 더 끓인다.

아몬드가루와 구운 닭을 넣고 닭이 속까지 잘 익도록 자주 저어가며 5~6분간 익힌다. 고수 잎을 섞고 취향에 따라 간한다.

아몬드 플레이크를 고명으로 뿌리고 바스마티 쌀밥과 파파담을 곁들여 낸다.

4-6인분

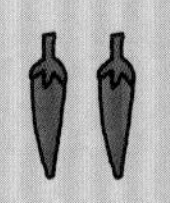

치킨 잘프레지 Chicken Jalfrezi

'잘프레지'의 유래는 소박합니다. 처음에는 구워 먹고 남은 고기에 인도식 향신료를 추가해 맛을 낸 잔반 처리용 음식이었습니다. 하지만 지금은 다양한 종류의 잘프레지가 있으며 더 이상 남은 고기를 쓰는 경우도 별로 없습니다. 매우 간단하고 몇 가지 향신료만 있으면 되는 레시피지만 맛은 아주 훌륭합니다.

껍질 벗긴 닭 허벅지살 1kg
(3cm 크기로 자른 것)
큐민가루 1½TS
고수씨가루 1½TS
강황가루 1TS
식물성 기름 80ml
큰 양파 1개(잘게 다진 것)
생강 마늘 페이스트 2TS
홍피망 1개(얇게 썬 것)
청피망 1개(얇게 썬 것)
긴 풋고추 3개(잘게 다진 것)
캔 토마토 400g짜리 2개(다진 것)
소금 ½~1ts(취향에 맞게)
가람 마살라 2ts
고수 잎(다진 것, 곁들임용)
바스마티 쌀밥(124쪽 참조) 또는
파파담(곁들임용)

넓은 볼에 닭고기와 큐민가루, 고수씨가루, 강황가루를 넣고 잘 버무린다. 한쪽에 10분간 잠시 둔다.

바닥이 두껍고 넓은 소스팬 또는 주물 냄비(더치 오븐)에 식물성 기름을 두르고 강불에 달군다. 닭고기를 두 번에 나누어 넣고 모든 면이 노릇노릇해지도록 굽는다. 접시에 닭고기를 건져둔다. 같은 팬에 양파, 생강 마늘 페이스트, 피망, 고추를 넣고 채소가 부드러워질 때까지 뒤적이며 5분간 볶는다.

캔 토마토와 물 250ml를 넣고 약불에서 5분간 뭉근하게 끓인다. 닭고기를 넣고 부드러워질 때까지 15~20분간 더 끓인다. 소금으로 간을 하고 가람 마살라를 넣는다.

고수 잎을 고명으로 뿌리고 바스마티 쌀밥 또는 파파담을 곁들여 낸다.

4-6인분

하이데라바드식 치킨

Hyderabadi Chicken

하이데라바드 지역은 비리야니*가 유명합니다. 사람들은 각자 가장 좋아하는 비리야니 식당으로 모여들지요. 하지만 이곳에는 비리야니만큼 맛있는 다른 음식들이 많은데요. 이 치킨 커리도 그중 하나입니다. 캐슈너트가 너무 느끼하지 않으면서도 고소한 맛을 더해줍니다.

닭다리 150g짜리 8개
무가당 플레인 요구르트 200g
고춧가루 1ts
소금
큰 양파 2개(다진 것)
생강 마늘 페이스트 2TS
생캐슈너트 50g
식물성 기름 80ml
가람 마살라 1TS
캔 토마토 400g(다진 것)
강황가루 1ts
레몬 조각(곁들임용)
플레인 난(126쪽 참조)과 바스마티 쌀밥(124쪽 참조, 곁들임용)

* 인도, 파키스탄 등지의 음식으로, 양념한 고기나 해산물을 채소, 쌀과 함께 익혀 먹는 요리.

넓은 볼에 닭고기, 무가당 플레인 요구르트, 고춧가루, 소금 한 꼬집을 넣고 잘 버무린다. 한쪽에 두고 최소 30분간 재운다.

믹서에 양파와 생강 마늘 페이스트를 넣고 곱게 간다. 볼에 옮긴다. 믹서에 생캐슈너트와 물을 조금 넣고 곱게 간다.

넓은 프라이팬 또는 바닥이 두꺼운 소스팬에 식물성 기름을 두르고 중불에 달군다. 간 양파를 넣고 부드러워질 때까지 저어가며 5분간 익힌다. 가람 마살라를 넣고 2분간 익힌다. 캔 토마토, 강황가루를 넣고 기름이 분리되기 시작할 때까지 4~5분간 익힌다. 닭고기와 양념을 모두 긁어 넣고 간 캐슈너트, 물 125ml를 넣는다. 잘 섞은 뒤 닭고기가 부드러워질 때까지15~20분간 뭉근하게 끓인다. 취향에 맞게 소금으로 간한다.

레몬 조각을 올리고 난과 바스마티 쌀밥을 곁들여 낸다.

4인분

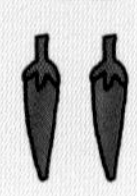

치킨 체티나드

Chicken Chettinad

이 음식은 타밀나두 주 체티나드 지역에서 아주 인기 있는 치킨 커리입니다. 향이 강하고 자극적인 여러 향신료를 잔뜩 넣기로 유명해서 처음 접하는 사람은 깜짝 놀랄 수도 있습니다. 향신료의 양은 취향에 따라 줄여도 좋고, 적혀 있는 만큼 사용하여 현지인들의 입맛대로 즐겨보는 것도 좋습니다.

껍질 벗긴 닭 허벅지살 1kg
버터밀크* 125ml
강황가루 1TS
코코넛오일 또는 식물성 기름 80ml
시나몬 스틱 2.5cm
그린 카다멈 꼬투리 3개(으깬 것)
정향 2개
샬롯 250g(얇게 썬 것. 양파로 대체 가능)
코코넛가루 25g
생강 마늘 페이스트 90g
카슈미르산 고춧가루 1TS
고수씨가루 1½TS
캔 토마토 400g(다진 것)
고수 잎 크게 두 줌(다진 것)
커리 잎 약 30장
흑후춧가루 1ts(바로 간 것)
소금
바스마티 쌀밥(124쪽 참조) 또는
파라타(128쪽 참조, 곁들임용)

* 버터를 만드는 과정에서 나오는 산성을 띠는 우유. 한국에서는 구하기 어렵지만 우유 250ml에 식초 또는 레몬즙 1TS의 비율로 섞으면 쉽게 대체할 수 있다.

볼에 닭고기, 버터밀크, 강황가루 1ts을 넣고 잘 버무린 뒤 한편에 둔다.

바닥이 두껍고 넓은 소스팬에 코코넛오일 또는 식물성 기름을 넣고 중불에 달군다. 시나몬 스틱, 그린 카다멈 꼬투리, 정향을 넣고 향이 나도록 30초간 볶는다. 샬롯을 넣고 불을 약간 줄인 뒤 노릇노릇해질 때까지 자주 저어가며 10~12분간 볶는다. 코코넛가루, 생강 마늘 페이스트를 넣고 전체적으로 어두운 황금빛이 될 때까지 약 10분간 볶는다. 고춧가루, 고수씨가루, 나머지 강황가루를 넣고 향이 나도록 1분간 볶은 뒤 캔 토마토와 물 125ml를 넣는다. 뚜껑을 덮고 살짝 되직해지도록 10~15분간 졸인다.

닭고기를 넣고 잘 섞은 뒤 이따금 저어가며 뚜껑을 살짝 열어둔 채 닭이 완전히 익도록 15~20분간 끓인다. 고수 잎, 커리 잎, 흑후춧가루를 넣고 잘 섞은 뒤 소금으로 취향에 맞게 간한다.

바스마티 쌀밥 또는 파라타와 곁들여 낸다.

4-6인분

치킨 도피아자

Chicken Dopiaza

치킨 소스에 양파를 두 가지 방식으로 넣어 만든 군침이 도는 커리입니다. 이 레시피의 핵심은 양파를 천천히 볶아 캐러멜라이즈함으로써 음식 맛에 깊이를 더해주는 데 있습니다. 만들기 간단하지만 풍미가 가득하며, 남은 음식을 다음날 점심이나 저녁 식사로 활용하기 더없이 훌륭한 메뉴입니다.

양파 6개
기 버터 3TS
식물성 기름 3TS
소금 2ts
긴 풋고추 4개(씨 제거한 것)
생강 마늘 페이스트 1½TS
큐민가루 1TS
고수씨가루 1TS
강황가루 2ts
시나몬가루 1ts
카다멈가루 ½ts
토마토 페이스트 3TS(농축 퓌레)
닭다리 1.2kg(껍질 벗긴 것)
캔 토마토 400g(다진 것)
무가당 플레인 요구르트 60g
바스마티 쌀밥(124쪽 참조) 또는
파라타(128쪽 참조, 곁들임용)

준비한 양파의 절반을 얇게 썬다. 바닥이 넓고 두꺼운 소스팬에 기 버터와 식물성 기름을 두르고 중약불에 달군다. 썬 양파와 소금 ½ts을 넣고 노릇노릇 색이 날 때까지 15~20분간 살살 볶는다. 양파는 접시에 건지고 기름은 팬에 남긴다.

그동안 남은 양파를 다져서 고추, 생강 마늘 페이스트, 큐민가루, 고수씨가루, 강황가루, 시나몬가루, 카다멈가루와 함께 믹서에 넣고 곱게 간다. 양파를 볶았던 팬에 넣고 색이 짙어지고 향이 올라올 때까지 10~15분간 익힌다. 토마토 페이스트를 섞고 2분간 더 익힌 다음 닭다리, 캔 토마토, 무가당 플레인 요구르트, 나머지 소금, 물 125ml를 넣는다. 잘 저은 뒤 중불로 올렸다가 끓기 시작하면 약불로 줄이고 뚜껑을 덮은 채 닭이 완전히 익을 때까지 20~25분간 끓인다.

볶아둔 양파를 약간만 남기고 다 넣은 뒤 소스가 살짝 되직해질 때까지 5~6분간 더 끓인다.

완성된 커리 위에 나머지 양파를 고명으로 올리고 바스마티 쌀밥 또는 파라타를 곁들여 낸다.

4인분

다바식 치킨 Dhaba-Style Chicken

인도 북부를 여행하다 보면 고속도로 옆 휴게소 같은 자그마한 식당들을 볼 수 있습니다. '다바'라고 부르는 이곳에서는 지친 여행객들의 허기를 달래줄 간단하면서도 맛있는 음식들을 팝니다. 이번에 소개하는 치킨 커리 레시피는 어느 다바에서 처음 개발한 뒤 입소문을 타고 선풍적인 인기를 끌고 있습니다.

껍질 벗긴 닭허벅지살과 닭다리 1kg
무가당 플레인 요구르트 125g
생강 마늘 페이스트 1TS
소금 1ts
기 버터 또는 식물성 기름 3TS
큐민 1ts
생월계수 잎 또는 건월계수 잎 2장
적양파 2개(다진 것)
카슈미르산 고춧가루 2ts
고수씨가루 2ts
강황가루 1ts
흑후춧가루 ½ts(바로 간 것)
토마토 2개(대강 다진 것)
건호로파 잎 2ts(부순 것)
가람 마살라 ½ts
고수 잎 크게 한 줌(다진 것)
바스마티 쌀밥(124쪽 참조, 곁들임용)

다바식 타드카 재료

기 버터 1TS
작은 풋고추 2개(세로로 가른 것)
생강 조각 2cm(잘게 채썬 것)

볼에 닭고기, 무가당 플레인 요구르트, 생강 마늘 페이스트, 소금을 넣고 잘 버무린 뒤 냉장고에 1시간 동안 재운다.

바닥이 넓고 두꺼운 소스팬에 기 버터 또는 식물성 기름을 넣고 중불에서 달군다. 큐민과 월계수 잎을 넣고 30초간 타닥타닥 소리가 나도록 둔다. 적양파를 넣고 중약불로 줄인 뒤 이따금 저어가며 부드러워질 때까지 8~10분간 볶는다. 고춧가루, 고수씨가루, 강황가루, 흑후춧가루를 넣고 향이 올라오도록 1분간 볶다가 양념한 닭고기를 넣고 이따금 저어가며 닭고기의 겉부분 색깔이 변할 때까지 5분간 볶는다. 토마토와 물 80ml를 넣고 끓어오르면 불을 약불로 낮춘 뒤 뚜껑을 덮고 10분간 조린다. 한 번 저은 다음 뚜껑을 반만 열고 이따금 저어가며 닭이 완전히 익을 때까지 10~15분간 더 조린다. 건호로파 잎, 가람 마살라, 고수 잎을 넣고 섞은 뒤 1~2분간 더 졸인다. 취향에 맞게 간을 한다.

타드카 만드는 법: 작은 소스팬에 기 버터를 넣고 중불에 달군다. 고추와 생강 조각을 넣고 몇 초간 타닥타닥 볶은 뒤 커리 위에 숟가락으로 뿌린다.

바스마티 쌀밥을 곁들여 낸다.

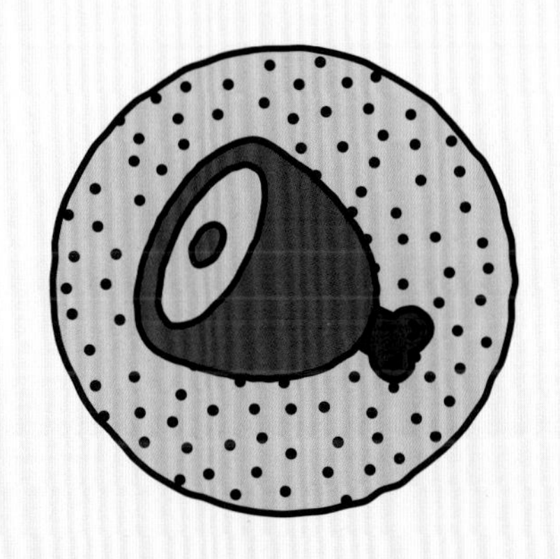

돼지고기 & 소고기

Pork & Beef

4인분

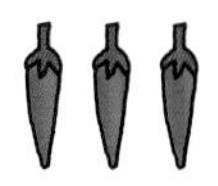

포크 빈달루 Pork Vindaloo

포크 빈달루는 고아 주에서 가장 인기가 많은 음식 중 하나로, '빈달루'는 '식초와 마늘이 들어간 고기'라는 뜻입니다. 포르투갈인들을 통해 처음 인도에 소개되었지요. 식초는 조미료이면서 보존제 역할을 하여 과거 포르투갈에서 인도까지 오는 긴 항해 기간 동안 고기가 상하지 않게 해주었습니다. 그렇지만 고아의 요리사들은 현지의 야자 식초와 향신료를 넣는 등 자신들만의 방식으로 이 음식을 만들었습니다.

돼지 목심 또는 스튜용 돼지고기 1kg(3cm 크기로 자른 것)
빈달루 커리 페이스트 1회분 (132쪽 참조)
코코넛 식초 125ml 또는 백식초 2TS
기 버터 또는 식물성 기름 3TS
흑겨자씨 1ts
커리잎 약 15장
양파 2개(잘게 다진 것)
토마토 2개(잘게 다진 것)
건 또는 생월계수 잎 1장
소금 1ts
바스마티 쌀밥(124쪽 참조, 곁들임용)

넓은 볼에 돼지고기, 빈달루 커리 페이스트, 식초를 넣고 잘 버무린다. 뚜껑을 덮고 최소 2시간에서 최대 하룻밤 냉장실에서 재운다.

바닥이 넓고 두꺼운 소스팬에 기 버터 또는 식물성 기름을 넣고 중불에 달군다. 흑겨자씨와 커리 잎을 넣고 몇 초간 타닥타닥 소리가 나도록 볶는다. 양파를 넣고 중약불로 줄인 뒤 이따금 저어가며 양파가 노릇노릇해질 때까지 10~12분간 볶는다. 토마토, 월계수 잎, 양념한 돼지고기를 넣는다. 잘 섞은 뒤 재료가 살짝 잠길 정도로 물을 붓는다.

끓기 시작하면 약불로 줄이고 뚜껑을 덮은 뒤 가끔 저어가며 고기가 부드러워지고 소스가 약간 되직해지도록 1시간에서 1시간 30분 동안 뭉근하게 끓인다. 소스가 묽다면 원하는 농도가 될 때까지 뚜껑을 열고 15~20분간 더 끓인다. 소금으로 간을 한다.

바스마티 쌀밥을 곁들여 낸다.

4인분

고아식 포크 소시지 커리 Goan Pork Sausage Curry

고아 주 사람들은 유명한 빈달루 말고도 소시지를 만들어 고기를 보존하는 방법을 터득했습니다. 다진 돼지고기에 매운 고춧가루와 식초, 다양한 향신료를 섞어 만든 매콤한 고아식 소시지는 아주 인기가 좋습니다. 하지만 만약 주변의 인도 식료품점에서 이 소시지를 구할 수 없다면 포르투갈 쇼리수로 대체해도 좋습니다.

고아식 돼지 소시지 300g(또는 포르투갈 쇼리수*)
땅콩기름 2TS(필요할 경우 조금 더 준비)
감자 2개(약 400g, 가로세로 1.5cm 크기로 썬 것)
양파 1개(얇게 썬 것)
생강 마늘 페이스트 2ts
토마토 페이스트 1TS(농축 퓌레)
캔 토마토 400g(다진 것)
작은 청피망 1개(가로세로 1.5cm 크기로 썬 것)
긴 풋고추 1개(썬 것)
라임 피클(곁들임용)
하얀 롤빵 4개(곁들임용)

* 스페인 및 포르투갈 방식으로 만든 돼지고기 소시지. '초리조'라는 스페인식 명칭으로 조금 더 널리 알려져 있다.

소시지의 케이싱을 제거하고 고기를 1.5~2cm 크기로 대강 으깬다. 아무것도 두르지 않은 넓은 프라이팬에 소시지 고기를 올리고 중불에 달군다. 고기에서 기름이 나오고 고기가 갈색이 될 때까지 이따금 저어가며 5~10분정도 볶는다. 접시에 고기만 건져 놓는다. 기름이 남아 있는 같은 팬에 땅콩기름 1TS를 두르고 감자를 넣는다. 감자 색이 노릇노릇해지기 시작할 때까지 이따금 저어가며 3~4분간 볶는다. 감자를 고기 옆에 건져 놓는다.

나머지 땅콩기름을 마저 팬에 두르고 양파, 생강 마늘 페이스트를 넣고 향이 날 때까지 2~3분간 저어가며 볶는다. 토마토 페이스트를 넣고 30초간 계속 저으며 볶다가 캔 토마토와 물 375ml를 넣는다.

볶아둔 고기와 감자, 청피망, 풋고추를 팬에 넣는다. 끓기 시작하면 불을 줄이고, 감자가 부드러워지고 소스가 되직해질 때까지 15~20분간 뚜껑을 덮고 뭉근하게 끓인다(내용물이 팬 바닥에 눌어붙기 시작하면 물을 조금 붓는다).

라임 피클과 하얀 롤빵을 곁들여 낸다.

4인분

포크 소르포텔

Pork Sorpotel

포크 소르포텔은 고아 주 하면 빠질 수 없는 또 하나의 메뉴입니다. 만들어 놓고 며칠 뒤에 먹는 경우가 많은데 그렇게 해야 맛이 더 좋아지기 때문입니다. 매콤새콤한 그레이비 소스와 기름기 많은 돼지고기가 어우러져 과음한 다음 날 해장 음식으로도 제격입니다.

비계 많고 뼈 없는 돼지고기 1kg
(껍질 없는 삼겹살이나 목살 등. 껍질은 약간은 붙어도 괜찮음. 큼지막한 덩어리로 자른 것)
소금
강황가루 1ts
식물성 기름(필요할 경우)
적양파 2개(잘게 다진 것)
작은 풋고추 1개(세로로 반 가른 것)
재거리(간 것) 또는 흑설탕 2ts
타마린드 퓌레 2ts
설탕(취향에 맞게)
플레인 난(126쪽 참조, 곁들임용)

소르포텔 마살라 재료
카슈미르산 고춧가루 2TS
마늘 8알
생강 조각 3cm(대강 다진 것)
강황가루 ½ts
큐민 ½ts
시나몬가루 ½ts
흑후춧가루 1꼬집(바로 간 것)
정향가루 1꼬집
백식초 또는 흑초 1~2TS(취향에 맞게 좀 더 준비)

넓은 소스팬에 돼지고기, 소금 1ts, 강황가루를 넣고 중불에 올린 뒤 고기가 충분히 잠길 만큼 물을 붓는다. 끓기 시작하면 불을 줄이고 뚜껑을 덮은 채로 고기가 부드럽게 익을 때까지 35~40분간 끓인다.

그동안 소르포텔 마살라 재료를 모두 믹서에 넣고 식초를 충분히 사용하여 부드러운 페이스트가 되도록 간다.

돼지고기는 건져내고 삶은 물은 남겨둔다. 고기가 한 김 식으면 대략 1cm 크기로 썬다.

바닥이 두껍고 넓은 소스팬을 중불에 달군다. 돼지고기를 팬에 넣고 고기에서 지방이 녹아나올 때까지 천천히 불을 올린다. 노릇노릇한 색이 골고루 나도록 3~4분간 볶는다. 구운 고기는 건지고 기름은 팬에 남겨둔다. 고기를 여러 차례로 나누어 이 과정을 반복한다. 고기가 팬 바닥에 눌어붙으면 식물성 기름을 조금 추가한다.

돼지고기를 볶아낸 팬에 적양파를 넣고 중약불로 줄인 다음 양파가 캐러멜라이즈되기 시작할 때까지 8~10분간 볶는다. 소르포텔 마살라, 풋고추, 재거리 또는 흑설탕, 타마린드 퓌레를 넣고 저어가며 2~3분간 볶는다. 돼지고기를 다시 팬에 넣고 고기 삶은 물 500ml를 붓는다. 끓기 시작하면 불을 줄이고 소스가 되직해질 때까지 10~15분간 졸인다. 취향에 맞게 소금, 설탕, 식초로 간한다.

플레인 난을 곁들여 낸다.

4인분

비프 마드라스 Beef Madras

붉은색 마드라스 커리 페이스트로 만든, 영국 식민지 시기의 잔재이기도 한 이 요리는 수많은 포장 전문 인도 음식점에서 자주 볼 수 있는 메뉴입니다. '마드라스'라는 이름은 동명의 도시에서 유래했습니다. 너무 맵다고 걱정할 필요 없습니다. 맵기는 얼마든지 원하는 대로 조절할 수 있으니까요.

고수씨가루 2TS
큐민가루 1TS
고춧가루 2ts
강황가루 1ts
흑후춧가루 1ts(바로 간 것)
흑겨자씨 1ts
소금 ½ts
생강 마늘 페이스트 1TS
백식초 2~3TS
기 버터 3TS
양파 2개(썬 것)
부채살 스테이크 또는
  스튜용 소고기 1kg(2.5cm 크기
  조각으로 자른 것)
캔 토마토 400g(으깬 것)
바스마티 쌀밥(124쪽 참조, 곁들임용)
무가당 플레인 요구르트(곁들임용)

고수씨가루, 큐민가루, 고춧가루, 강황가루, 흑후춧가루, 흑겨자씨, 소금, 생강 마늘 페이스트를 볼에 넣고 백식초와 섞어 마드라스 커리 페이스트로 만든다.

바닥이 두꺼운 소스팬에 기 버터 2TS을 넣고 중불에 올린다. 향신료 페이스트를 넣고 계속 저어가며 향이 날 때까지 2~3분간 볶는다. 숟가락으로 페이스트만 조심스럽게 떠내 내열소재 볼에 옮기고 남은 기 버터는 팬에 그대로 둔다.

같은 팬에 양파와 나머지 기 버터를 마저 넣는다. 저어가며 양파가 부드럽고 노릇노릇해질 때까지 3~4분간 볶는다. 양파를 건져내 향신료 페이스트와 함께 놓는다.

강불로 올린다. 부채살 스테이크 또는 스튜용 소고기를 여러 번에 나누어 팬에 넣고 2~3분간 겉면이 노릇노릇 색이 나도록 구워낸다. 볼에 옮긴다.

팬에 소고기, 양파, 향신료 페이스트를 모두 다시 넣는다. 고기에 페이스트가 골고루 묻도록 잘 저어가며 1분간 볶는다. 캔 토마토와 물 125ml를 넣고 중불로 줄인다. 끓기 시작하면 뚜껑을 덮고 이따금 저어가며 고기가 부드러워질 때까지 1시간 45분간 뭉근하게 끓인다. 고기가 팬 바닥에 눌어붙기 시작하면 물을 조금 붓는다.

뚜껑을 연 채로 소스가 졸아들어 약간 되직해지도록 15분간 더 끓인다.

바스마티 쌀밥과 무가당 플레인 요구르트를 곁들여 낸다.

4인분

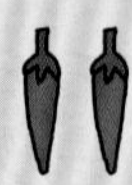

벵골식 비프 커리

Bengali Beef Curry

대부분의 다른 인도 커리들과는 달리 벵골식 비프 커리에는 토마토가 전혀 들어가지 않습니다. 이 레시피에서 사용되는 조리 방식을 벵골어로 '코샤(kosha, 볶다)'라고 합니다. 양파와 갖은 향신료를 넣고, 고기가 짙은 갈색을 띠면서 뼈에서 살이 술술 떨어질 때까지 약불에서 뭉근하게 조립니다. 인도에서는 이 커리를 보통 염소고기로 만들며, 원한다면 이 레시피에서도 소 대신 염소를 사용할 수 있습니다.

식물성 기름 80ml
양파 2개(잘게 다진 것)
생강 마늘 페이스트 2TS
그린 카다멈 꼬투리 4개(으깨서 씨만 골라낸 것)
정향 4개
시나몬 스틱 2개
큐민가루 2ts
고수씨가루 2ts
강황가루 1½ts
고춧가루 1ts
흑겨자씨 ½ts
흑후춧가루 ¼ts(바로 간 것)
생월계수 잎 또는 건월계수 잎 3장
부채살 스테이크 또는 스튜용 소고기 1kg(지방은 잘라내고 3cm 크기 조각으로 자른 것)
설탕 1ts(또는 취향에 따라)
소금 1ts(또는 취향에 따라)
플레인 난(126쪽 참조, 곁들임용)

넓은 프라이팬 또는 바닥이 두꺼운 소스팬에 식물성 기름을 두르고 약불에 올린다. 양파를 넣고 노릇노릇하면서 매우 부드러워질 때까지 15분간 볶는다. 생강 마늘 페이스트, 그린 카다멈 꼬투리, 정향, 시나몬 스틱, 큐민가루, 고수씨가루, 강황가루, 고춧가루, 흑겨자씨, 흑후춧가루, 월계수 잎을 넣는다. 물 125ml를 넣고 물이 거의 다 증발할 때까지 졸인다.

소고기와 물 250ml를 넣는다. 뚜껑을 덮고 45분간 끓이다가 물을 125ml 붓고 소고기가 매우 부드러워질 때까지 45분간 더 끓인다(필요하면 물을 조금씩 더 부어가며 소스 같은 농도를 유지한다). 설탕, 소금을 취향에 따라 넣는다.

플레인 난을 곁들여 낸다.

6인분

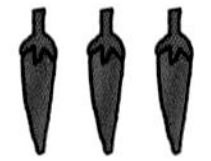

케랄라식 비프 커리

Kerala Beef Curry

케랄라 주 사람들은 소고기 커리를 아주 즐겨 먹습니다. 종교에 상관없이 케랄라 주 사람들이 가장 좋아하는 음식을 뽑는 경연대회가 있다면 이 소고기 볶음이 단연코 1등을 차지할 것입니다. 회향씨와 시나몬, 카다멈 등이 들어간 배합 향신료를 넣어 만드는 이 커리는 모든 집에서 해 먹는 음식이랍니다.

케랄라식 가람 마살라 재료

회향씨 45g
팔각 1개(조각조각 부순 것)
시나몬 스틱 1개(조각조각 부순 것)
정향 1TS
통흑후추 2ts
그린 카다멈 꼬투리 2ts
육두구가루 1ts(바로 간 것)

코코넛오일 80ml
적양파 2개(얇게 썬 것)
캔 토마토 200g(다진 것)
샬롯 100g(다진 것. 양파로 대체 가능)
생강 마늘 페이스트 135g
작은 풋고추 6개(얇게 썬 것)
고수씨가루 2TS
고춧가루 1TS
강황가루 2ts
커리 잎 약 70장
부채살 스테이크 또는 스튜용 소고기
1kg(2.5cm 크기 조각으로 자른 것)
식초 1TS
고수 잎 크게 한 줌(대강 다진 것)
소금
필라우(124쪽 참조, 곁들임용)

케랄라식 가람 마살라 만드는 법: 회향씨, 팔각, 시나몬 스틱, 정향, 통흑후추, 그린 카다멈 꼬투리를 아무것도 두르지 않은 작은 프라이팬에 넣고 수시로 저어가며 색이 살짝 변하면서 향이 나도록 4~5분간 약불에서 볶는다. 약간 식힌 뒤 향신료 분쇄기에 넣고 알갱이가 남아 있을 정도로 간다. 육두구가루를 넣고 섞는다. 밀폐용기에 담아두면 팬트리에서 3개월까지 보관이 가능하다.

바닥이 두껍고 넓은 소스팬에 코코넛오일을 두르고 중불에 올린다. 적양파와 캔 토마토를 넣고 이따금 저어가며 적양파가 부드러워지고 수분이 날아가 되직해질 때까지 10~12분간 볶는다. 샬롯, 생강 마늘 페이스트, 풋고추를 넣고 8~10분간 볶는다. 고수씨가루, 고춧가루, 강황가루, 케랄라식 가람 마살라 2ts을 넣고 약불로 줄인 다음 1분간 저어가며 볶는다. 커리 잎을 넣고 3분 더 볶는다.

소고기, 식초, 고수 잎, 소금 1ts을 넣고 잘 섞는다. 물 250ml를 넣고 다시 섞은 다음 불을 키워 끓인다. 끓기 시작하면 불을 약불로 줄인 뒤 이따금 저어가며 뚜껑을 덮고 고기가 부드러워질 때까지 1시간 30분 정도 뭉근하게 끓인다. 고기가 바닥에 눌어붙으려고 하면 물을 조금씩 붓는다. 취향에 맞게 간한다.

필라우를 곁들여 낸다.

양고기

Lamb

4인분

램 코르마 Lamb Korma

'코르마'의 유래에는 여러 가지 설이 있습니다. 일부 역사학자들은 무굴인들이 페르시아에서 인도로 침략해오면서 들여왔다고 주장하기도 하고, 또 다른 역사학자들은 '쿠르마Kurma'족의 라지푸트 전사를 기리고자 만들어진 음식으로 보기도 합니다. 진실이 무엇이든 간에 코르마는 아주 맛있는 양고기 요리이자 훌륭한 파티 음식입니다.

기 버터 3TS
뼈 없는 양 목심 1kg(5cm 크기 조각으로 자른 것)
소금
흑후춧가루(바로 간 것)
생캐슈너트 75g
양파 1개(대강 다진 것)
생강 마늘 페이스트 2TS
시나몬 스틱 1개
고수씨가루 1TS
큐민가루 2ts
그린 카다멈 꼬투리 1ts(으깬 것)
카슈미르산 고춧가루 ½ts(또는 취향에 맞게)
무가당 플레인 요구르트 250g (곁들임용으로 조금 더 준비)
바스마티 쌀밥(124쪽 참조, 곁들임용)

바닥이 두껍고 넓은 소스팬에 기 버터 1TS를 넣고 강불에 올린다. 소금과 흑후춧가루로 골고루 간한 양고기를 여러 번에 나누어 팬에 넣고, 자주 뒤집어가며 겉면이 충분히 노릇노릇해지도록 5~7분간 굽는다. 접시에 건진다.

그동안 생캐슈너트를 믹서에 넣고 아주 곱게 간다. 볼에 옮기고 한편에 둔다.

양파와 생강 마늘 페이스트를 믹서에 넣고 퓌레가 되도록 간다.

양고기를 구운 팬에 나머지 기 버터를 넣고 중불에 올린다. 양파 퓌레를 넣고 캐러멜라이즈되기 시작할 때까지 10~15분간 저어가며 볶는다. 중강불로 올리고 시나몬 스틱, 고수씨가루, 큐민가루, 그린 카다멈 꼬투리, 고춧가루를 넣고 향이 올라올 때까지 계속 저어가며 3~4분간 볶는다. 양고기, 간 캐슈너트를 팬에 넣고 고기에 양념이 골고루 묻도록 잘 뒤적인다. 고기가 충분히 잠길 만큼 물을 붓고 간을 한 다음 끓인다. 끓기 시작하면 약불로 줄이고 뚜껑을 반만 연 채 이따금 저어가며 양고기가 매우 부드러워지고 소스에 겨우 잠길 때까지 1시간 30분에서 2시간 동안 뭉근하게 조린다. 수분이 부족해 보이면 물을 조금씩 추가한다.

무가당 플레인 요구르트를 넣고 섞은 뒤 다시 불을 올린다. 끓어오르면 아주 약한 불로 줄이고 소스가 졸아들도록 10-15분간 끓인다.

바스마티 쌀밥과 무가당 플레인 요구르트를 곁들여 낸다.

4인분

램 로간 조시 Lamb Rogan Josh

아름다운 카슈미르 주의 유명한 음식인 로건 조시 커리는 고추가 잔뜩 들어가 강렬한 붉은빛을 띱니다. 보통은 토마토가 들어가지만, 이 레시피에서는 양고기 본연의 맛이 더욱 돋보일 수 있도록 생략하였습니다.

뼈 없는 양 목심 또는 다릿살 1kg(2.5cm 크기 조각으로 자른 것)
무가당 플레인 요구르트 375g
소금 1ts
기 버터 60g
시나몬 스틱 1개
그린 카다멈 꼬투리 2ts(으깬 것)
브라운 또는 블랙 카다멈 꼬투리 4개(으깬 것)
정향 ½ts
양파 3개(다진 것)
생강 마늘 페이스트 2TS
카슈미르산 고춧가루 1TS
파프리카가루 2ts
강황가루 2ts
고수 잎 크게 한 줌(다진 것)
가람 마살라 1ts
파라타(128쪽 참조, 곁들임용)

넓은 볼에 양고기, 무가당 플레인 요구르트, 소금 ½ts을 넣고 잘 버무린다. 뚜껑을 덮고 재운다.

바닥이 두꺼운 소스팬에 기 버터를 넣고 중불에 올린다. 시나몬 스틱, 그린 카다멈 꼬투리, 정향을 넣고 향이 날 때까지 30초간 저어가며 볶는다. 양파와 나머지 소금을 넣고 중약불로 줄인 뒤 양파가 노릇노릇해질 때까지 이따금 저어가며 20~25분간 볶는다. 생강 마늘 페이스트를 넣고 향이 날 때까지 30초 정도 저어가며 볶는다.

재워둔 양고기, 고춧가루, 파프리카가루, 강황가루를 팬에 넣는다. 잘 섞은 다음 중불로 올린다. 끓기 시작하면 약불로 줄이고 뚜껑을 덮은 채 양고기가 부드러워질 때까지 1시간 15분에서 1시간 30분간 뭉근하게 끓인다. 고수 잎과 가람 마살라를 섞고 취향에 맞게 간한다.

파라타를 곁들여 낸다.

6인분

사그 고슈트 Saag Gosht

푸성귀를 좋아하지 않는 사람에게도 사그 고슈트는 만들어볼 만한 커리입니다. 뭉근한 열로 오래 익혀낸 양고기가 소스의 풍미를 한층 끌어올려 정말 맛있는 커리가 완성됩니다.

식물성 기름 1~2TS
뼈 없는 양 목심 또는 다릿살 1kg
(2.5cm 크기 조각으로 자른 것)
소금
양파 2개(잘게 다진 것)
시나몬 스틱 1개
큰 토마토 1개(다진 것) 또는
캔 토마토 200g(다진 것)
생강 마늘 페이스트 1½TS
겨자씨유 또는 식물성 기름 2TS
고수씨가루 1TS
큐민가루 2ts
강황가루 ½ts
작은 풋고추 2개(다진 것)
시금치 500g(씻어서 대강 다진 것)
가람 마살라 ½ts
바스마티 쌀밥(124쪽 참조) 또는
차파티(131쪽 참조, 곁들임용)

바닥이 두껍고 넓은 소스팬에 식물성 기름 1TS을 두르고 강불에 올린다. 양고기를 소금으로 간한 뒤, 여러 번에 나누어 팬에 올리고 수시로 뒤집어 가면서 모든 면에 색이 골고루 나도록 5~7분간 굽는다. 접시에 옮긴다.

팬에 기름이 부족하다면 준비한 나머지 식물성 기름을 마저 넣고 중불에 올린다. 양파와 시나몬 스틱을 넣고 양파가 캐러멜라이즈되기 시작할 때까지 저어가며 10~15분간 볶는다. 토마토와 생강 마늘 페이스트를 넣고 토마토가 부드럽게 익을 때까지 2분간 볶는다. 양고기와 같은 접시에 옮긴다.

중강불로 올리고 팬에 겨자씨유 혹은 식물성 기름을 두른다. 기름에서 연기가 나면 중불로 줄이고 고수씨가루, 큐민가루, 강황가루를 넣고 계속 저어가며 향이 날 때까지 1~2분간 볶는다. 풋고추와 접시에 있던 양고기, 볶은 채소를 넣고 고기에 양념이 고루 묻도록 잘 섞는다. 고기가 잠길 정도로 물을 붓고 간을 한 뒤 끓인다. 끓기 시작하면 약불로 줄이고 뚜껑을 반만 연 채 양고기가 부드러워지고 소스에 겨우 잠길 때까지 이따금 저어가며 1시간 30분에서 1시간 45분간 뭉근하게 익힌다. 시금치를 넣고 다시 끓이다가 약불로 줄이고 뚜껑을 연 채 소스가 살짝 되직해질 때까지 10~15분간 조린다. 가람 마살라를 넣고 취향에 맞게 간한다.

바스마티 쌀밥 또는 차파티를 곁들여 낸다.

6인분

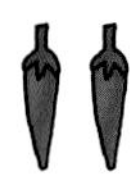

램 도피아자 Lamb Dopiaza

마음이 편안해지는 음식인 램 도피아자는 두 단계에 걸쳐 고기를 조리합니다. 먼저 양파와 향신료를 넣고 익힌 다음, 각종 허브 믹스와 레몬즙을 넣고 한 번 더 익힙니다. 그 덕에 고기는 한층 더 부드러워지지요. 허브 믹스가 상큼한 향을 더해 식욕을 돋웁니다.

뼈 없는 양 목심 1kg(5cm 크기 조각으로 자른 것)
양파 5개(얇게 썬 것)
기 버터 또는 식물성 기름 2TS
생강 마늘 페이스트 1½TS
소금 2ts
카슈미르산 고춧가루 2ts
강황가루 1ts
흑종초*씨 ½ts
민트 잎 30g
고수 잎 30g
작은 풋고추 2개(대강 다진 것)
가람 마살라 ½ts
레몬 조각(곁들임용)
필라우(124쪽 참조, 곁들임용)

* 관상용으로도 재배되며, 잎, 줄기, 씨앗 모두 주로 인도 요리에서 향신료로 사용된다. 씨앗이 검은색이라 '흑종초'라는 이름이 붙었다.

바닥이 두껍고 넓은 소스팬에 양고기, 양파, 기 버터 또는 식물성 기름, 생강 마늘 페이스트, 소금, 고춧가루, 강황가루, 흑종초씨를 넣고 재료가 전부 잠길 만큼 물을 붓는다. 중강불에 올리고 끓인다. 끓기 시작하면 약불로 줄이고 뚜껑을 덮은 채 30분간 끓인다. 뚜껑을 열고서 고기가 부드러워지고 소스가 되직해질 때까지 1시간 동안 더 끓인다.

믹서에 민트 잎, 고수 잎, 풋고추, 가람 마살라를 넣고 재료가 잘 갈릴 수 있을 정도의 물을 함께 넣은 다음 곱게 간다.

허브 믹스를 팬에 넣고 잘 섞은 뒤 3분간 더 끓인다. 취향에 맞게 간한다.

레몬 조각과 필라우를 곁들여 낸다.

4인분

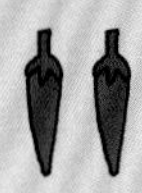

케랄라식 램 Kerala Lamb

이 요리는 만들기 아주 쉬우면서도 모두가 좋아해서 케랄라의 '믿고 먹는' 손님 접대 메뉴입니다. 고기를 전날 재워두면 일이 한결 쉬워집니다. 당일에는 손님이 오기 전에 고기만 뭉근하게 익히고, 밥만 지으면 되거든요.

케랄라식 양고기 양념 재료

건고추 4개
시나몬 스틱 2cm
고수씨 1½ts
큐민 ½ts
회향씨 ½ts
통흑후추 ½ts
정향 2개
강황가루 ½ts
생강 마늘 페이스트 2ts
긴 풋고추 1개(썬 것)
백식초 2ts

뼈 없는 양 목심 또는 스튜용 양고기 1kg(4cm 크기 조각으로 자른 것)
코코넛오일 1TS
생 코코넛 과육 80g(얇게 썬 것)
흑겨자씨 ½ts
커리 잎 약 30장
큰 양파 1개(얇게 썬 것)
긴 풋고추 2개(썬 것)
생강 조각 3cm(채썬 것)
마늘 3알(얇게 썬 것)
토마토 2개(다진 것)
파프리카가루 2ts
바스마티 쌀밥(124쪽 참조, 곁들임용)

우선 케랄라식 양고기 양념을 만든다. 아무것도 두르지 않은 프라이팬을 중불에 올리고 건고추, 시나몬 스틱, 고수씨, 큐민, 회향씨, 통흑후추, 정향을 30초씩 향이 날 때까지 각각 따로 볶는다. 볶은 향신료를 향신료 분쇄기 또는 절구에 넣고 곱게 갈아 넓은 볼에 옮긴다. 양고기와 강황가루, 생강 마늘 페이스트, 풋고추, 백식초를 볼에 넣고 골고루 버무린다. 뚜껑을 덮고 냉장고에서 최소 2시간에서 하룻밤 동안 재운다.

바닥이 두껍고 넓은 프라이팬에 코코넛오일을 두르고 중강불에 올린다. 생 코코넛 과육을 넣고 살짝 수분기가 날아갈 때까지 1~2분간 저어가며 볶는다. 접시에 옮긴다. 팬에 흑겨자씨와 커리 잎을 넣고 몇 초간 타닥타닥 볶은 뒤 양파, 풋고추, 생강 조각, 마늘을 넣는다. 중약불로 줄이고 양파가 노릇노릇해질 때까지 이따금 저어가며 12~15분간 볶는다. 토마토와 파프리카가루를 넣고 토마토가 으깨질 때까지 8~10분간 볶는다.

양념한 양고기를 팬에 넣는다. 잘 뒤적인 다음 재료가 잠길 정도로 물을 붓는다. 끓기 시작하면 약불로 줄인다. 볶은 코코넛을 고명용으로 약간만 남기고 팬에 넣는다. 뚜껑을 덮고 양고기가 부드러워지고 소스가 약간 되직해질 때까지 이따금 저어가며 1시간 30분에서 2시간 동안 뭉근하게 익힌다. 그래도 소스가 묽으면 뚜껑을 열고 15~20분간 더 끓인다.

남겨뒀던 코코넛을 고명으로 올리고 바스마티 쌀밥을 곁들여 낸다.

4인분

램 코프타 커리

Lamb Kofta Curry

양고기 코프타는 맛이 강한 소스에 그 풍미가 묻히지 않기 때문에 좋아하는 사람들이 아주 많습니다. 코프타만 미리 만들어놓으면 커리는 훨씬 쉽게 만들 수 있습니다. 코프타는 간단하게 처트니*만 찍어서 그대로 먹어도 맛있고, 난을 곁들이면 든든한 한끼 식사로도 훌륭합니다.

양고기 코프타 재료

양고기 500g(다지거나 간 것)
작은 양파 1개(잘게 다진 것)
생강 마늘 페이스트 2ts
가람 마살라 ½ts, 생 빵가루 25g
민트 잎 크게 한 줌(다진 것)
고수 잎 크게 한 줌(다진 것. 고명용으로 조금 더 준비)
소금, 흑후추

기 버터 또는 식물성 기름 2TS
양파 1개(얇게 썬 것)
생강 마늘 페이스트 1TS
큐민씨 ¼ts
캔 토마토 400g(으깬 것)
고수씨가루 1ts
고춧가루 ½ts
가람 마살라 1ts
코코넛밀크 250ml(아래 '메모' 참조)
플레인 난(126쪽 참조, 곁들임용)
무가당 플레인 요구르트(곁들임용)

* 인도의 전통 소스. 토마토, 코코넛, 땅콩, 요구르트, 오이 등 사용되는 재료에 따라 종류가 매우 다양하다.

양고기 코프타 만드는 법: 볼에 모든 재료를 넣고 잘 섞는다. 물기 있는 손으로 1TS씩 동그랗게 굴려 모양을 잡는다.

코팅 프라이팬을 중불에 달구고 기 버터 또는 식물성 기름 1TS을 넣는다. 빚은 코프타를 여러 번에 나누어 팬에 넣고 살살 뒤집어가며 약간 노릇노릇해지도록 4~5분간 익힌다. 접시에 건진다.

같은 팬에 나머지 기 버터 또는 식물성 기름을 마저 넣는다. 양파, 생강 마늘 페이스트, 큐민씨를 넣고 양파가 부드러워질 때까지 4~5분간 볶는다. 캔 토마토, 고수씨가루, 고춧가루, 가람 마살라, 코코넛밀크를 넣고 끓인다. 끓기 시작하면 불을 줄이고 5분간 뭉근하게 끓인다. 코프타를 팬에 넣고 코프타가 속까지 완전히 익고 소스가 약간 되직해질 때까지 10분간 더 끓인다.

고수 잎을 고명으로 올리고 난과 무가당 플레인 요구르트를 곁들여 낸다.

메모: 덜 기름진 소스를 선호한다면 저지방 코코넛밀크와 저지방 무가당 플레인 요구르트를 사용하면 된다.

4인분

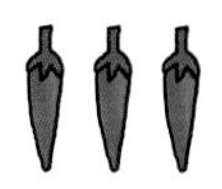

램 단삭 Lamb Dhansak

파르시(조로아스터교도)들은 아랍인의 박해를 피해 페르시아를 떠나 인도 구자라트주 해안에 정착하면서 '단삭'을 비롯한 자신들의 전통 음식 레시피를 들여왔습니다. 본래 단삭은 고기만으로 만드는 음식이었지만 인도에 온 파르시들이 여기에 렌틸콩과 채소를 넣기 시작하면서 오늘날 알려진 것처럼 냄비에 끓여 먹는, 일종의 '소울 푸드'가 되었습니다.

고수씨가루 1TS
큐민가루 1ts
시나몬가루 1ts
카다멈가루 ½ts
흑후춧가루 ½ts(바로 간 것)
건고추 2개(뜨거운 물에 15분간 불려서 물기를 뺀 것)
긴 풋고추 4개(다진 것)
민트 잎 한 줌(대강 다진 것)
고수 잎 한 줌(대강 다진 것)
생강 마늘 페이스트 2TS
강황가루 1ts
식물성 기름 1TS
뼈 없는 양 목심 600g(2cm 크기 조각으로 자른 것)
기 버터 3TS
양파 3개(두껍게 썬 것)
큰 토마토 1개(대강 다진 것)
붉은 렌틸콩 160g(깨끗이 씻은 것)
타마린드 퓌레 2ts
소금
바스마티 쌀밥(124쪽 참조, 곁들임용)

아무것도 두르지 않은 프라이팬에 고수씨가루, 큐민가루, 시나몬가루, 카다멈가루, 흑후춧가루를 넣고 향이 나도록 중불에 30초 정도 볶는다.

믹서에 불린 건고추, 풋고추, 민트 잎, 고수 잎, 생강 마늘 페이스트, 강황가루, 볶은 향신료 가루, 식물성 기름을 넣고 퓌레가 되도록 곱게 간다.

넓은 볼에 양고기와 향신료 퓌레를 넣고 버무린다. 뚜껑을 덮고 냉장고에서 최소 2시간에서 하룻밤 동안 재운다.

바닥이 두껍고 넓은 소스팬에 기 버터를 넣고 중강불에 달군다. 양파를 넣고 중불로 줄인 다음 양파가 노릇노릇해질 때까지 12~15분간 이따금 저어가며 볶는다. 양파 절반을 건져서 고명용으로 따로 둔다. 중강불로 올린 다음 양고기를 넣고 노릇노릇 색이 날 때까지 이따금 저어가며 8~10분간 볶는다. 토마토를 넣고 저어가며 2~3분간 볶다가 붉은 렌틸콩을 넣고 재료가 잠길 정도로 물을 붓는다.

끓어오르면 약불로 줄인다. 양고기가 부드러워질 때까지 자주 저어가며 뚜껑을 덮고 1시간에서 1시간 30분간 끓인다(렌틸콩이 익으면서 소스가 너무 되직해지면 끓는 물을 조금씩 붓는다). 타마린트 퓌레를 넣고 소금으로 간한다.

고명으로 남겨뒀던 양파를 작은 소스팬에 다시 데워서 커리 위에 올린다. 바스마티 쌀밥을 곁들여 낸다.

4인분

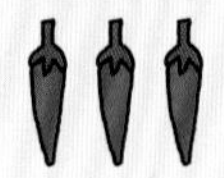

부나 고슈트 Bhuna Gosht

인도의 고기 요리에는 언제나 '부나bhuna'라는, 향신료에 볶는 조리법이 포함됩니다. 이렇게 함으로써 고기의 풍미를 끌어내고 맛과 식감을 좋아지게 할 수 있기 때문입니다. 재료에 따른 조리 시간만 신경 쓴다면 이 레시피에서 양고기는 닭고기나 소고기로도 대체할 수 있습니다.

고수씨 1TS
큐민 2ts
통흑후추 ⅛ts
시나몬 스틱 2cm
호로파씨 2ts
작은 건고추 2개
그린 카다멈 꼬투리 3개(으깨서 씨만 골라낸 것)
강황가루 ¼ts
큰 양파 1개(대강 다진 것)
생강 마늘 페이스트 2TS
긴 홍고추 1개(대강 다진 것)
뼈 없는 양 목심 1kg(2.5cm 크기 조각으로 자른 것)
무가당 플레인 요구르트 60g (곁들임용으로 조금 더 준비)
기 버터 또는 겨자씨유 또는 식물성 기름 3TS
캔 토마토 400g(으깬 것)
가람 마살라 ½ts
고수 잎(곁들임용)
차파티(131쪽 참조, 곁들임용)

아무것도 두르지 않은 프라이팬을 중불에 올리고 고수씨, 큐민, 통흑후추, 시나몬 스틱, 호로파씨를 향이 나도록 각각 따로 30초씩 볶는다. 절구 또는 향신료 분쇄기에 볶은 향신료와 건고추, 그린 카다멈씨, 강황가루를 넣고 가루가 되도록 곱게 간다.

양파, 생강 마늘 페이스트, 홍고추를 믹서에 넣고 퓌레가 되도록 간다. 필요하면 물을 살짝 넣는다.

넓은 볼에 양고기, 무가당 플레인 요구르트, 양파 퓌레, 향신료 믹스를 넣고 잘 버무린다. 뚜껑을 덮고 냉장고에서 최소 2시간 동안 재운다.

바닥이 두껍고 넓은 소스팬에 기 버터 또는 겨자씨유 또는 식물성 기름을 넣고 중강불에 달군다. 양고기와 양념을 모두 넣고 이따금 저어가며 양고기 색이 변할 때까지 3~4분간 볶는다(향신료가 타지 않도록 주의한다). 캔 토마토를 넣고 양고기가 반쯤 잠길 정도로 물을 붓는다.

끓기 시작하면 약불로 줄인다. 이따금 저어가며 양고기가 부드러워질 때까지 1시간 30분간 뚜껑을 덮고 익힌다. 뚜껑을 열고 소스가 졸아들어 양고기에 잘 묻을 수 있을 때까지 15~20분간 더 끓인다. 가람 마살라를 넣는다.

고명으로 고수 잎을 올리고 차파티와 무가당 플레인 요구르트를 추가로 곁들여 낸다.

4인분

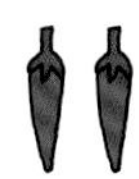

카슈미르식 램 커리

Kashmiri Lamb Curry

카슈미르 주는 아름다운 풍광으로도 유명하지만 맛있는 고기 요리 및 다양한 종류의 빵과 차 등 다양한 식문화로도 잘 알려져 있습니다. 이 커리는 카슈미르 지방의 가정에서 자주 해먹는 음식으로, 염소고기로 만드는 경우도 많습니다. 남은 커리는 현지 베이커리에서 사온 빵을 곁들여 다음날에 먹어도 맛이 좋습니다.

뼈 없는 양 목심 또는 다릿살 1kg
(3~4cm 크기 덩어리로 자른 것)
무가당 플레인 요구르트 250g
카슈미르산 고춧가루 1TS
고수씨가루 1TS
큐민가루 1TS
강황가루 2ts
생강 조각 4cm(곱게 간 것)
마늘 8알(잘게 다진 것)
식물성 기름 60ml
적양파 2개(얇게 썬 것)
정향 5개
그린 카다멈 꼬투리 5개
긴 풋고추 3개(다진 것)
회향씨가루 ½ts
생월계수 잎 3장
캔 토마토 400g(다진 것)
가람 마살라 2ts
소금
고수 잎(고명용)
필라우(124쪽 참조) 또는
파라타(128쪽 참조, 곁들임용)

넓은 볼에 양고기, 무가당 플레인 요구르트, 고춧가루, 고수씨가루, 큐민가루, 강황가루, 생강 조각, 마늘을 넣고 잘 버무린다. 냉장고에 넣고 최소 3시간 이상 재운다. 하룻밤 재워두면 더 좋다.

바닥이 두껍고 넓은 소스팬에 식물성 기름을 두르고 중불에 달군다. 적양파, 정향, 그린 카다멈 꼬투리, 풋고추, 회향씨가루, 생월계수 잎을 넣고 양파가 부드러워지도록 이따금 저어가며 5분간 볶는다. 캔 토마토를 넣고 기름이 살짝 분리되기 시작할 때까지 2~3분간 끓인다. 불을 키우고 양고기를 양념과 같이 넣는다. 양고기가 살짝 노릇노릇해질 때까지 젓다가 물 250ml를 넣는다. 뚜껑을 덮고 35~40분간 끓여서 고기가 부드러워지게 한다. 소스가 너무 졸아들면 물을 약간씩 넣는다. 가람 마살라를 섞고 소금으로 간한다.

고수 잎을 고명으로 올리고 필라우 또는 파라타를 곁들여 낸다.

기본 재료

Basics

6인분

바스마티 쌀밥

Steamed Basmati Rice

바스마티 쌀* 400g(씻은 것)

* 인도 아대륙이 원산지인 쌀의 품종으로 낟알이 길쭉하고 찰기가 적은 것이 특징이다.

바닥이 두꺼운 소스팬에 쌀과 물 750ml를 넣는다. 강불에 올렸다가 끓기 시작하면 뚜껑을 덮고 약불로 줄인다. 뚜껑을 열지 않고 10분간 끓이다가 불을 끄고 10분간 뜸을 들인다.

포크로 살살 밥알을 흩트린 뒤 낸다.

6-8인분

필라우 Pilau

기 버터 2TS
아시안 샬롯 3개(얇게 썬 것. 양파 1개로 대체 가능)
커리 잎 15장
마늘 2알(으깬 것)
그린 카다멈 꼬투리 4개(으깬 것)
시나몬 스틱 1개
샤프론 크게 한 꼬집
바스마티 쌀 400g(씻은 것)
치킨스톡(또는 물) 800ml

방법1. 바닥이 넓고 두꺼운 소스팬에 기 버터를 넣고 중강불에 달군다. 아시안 샬롯을 넣고 노릇노릇해지도록 저어가며 4~5분간 볶는다. 커리 잎, 마늘, 그린 카다멈 꼬투리, 시나몬 스틱, 샤프론을 넣고 향이 날 때까지 1분 정도 뒤적인다. 바스마티 쌀을 넣고 잘 섞은 뒤 치킨스톡이나 물을 넣고 이따금 저어가며 익힌다. 뚜껑을 덮고 약불로 줄인 뒤 10분간 더 익힌다. 불을 끄고 뚜껑을 열지 않은 채 10분간 뜸을 들인다.

방법2. 오븐을 컨벡션 모드에서 160°C로 예열한다. 바닥이 두껍고 넓은 내열 더치 오븐에 기 버터를 넣고 중불에 올려 녹인다. 아시안 샬롯을 넣고 노릇노릇하게 볶는다. 향신료를 전부 넣고 향이 날 때까지 저은 뒤 바스마티 쌀을 넣고 잘 섞는다. 치킨스톡이나 물을 넣고 끓이다가 뚜껑을 덮고 오븐에 넣고 바스마티 쌀이 부드럽게 익을 때까지 15~20분간 익힌다.

향신료는 건어내고 포크로 살살 뒤적인 다음 낸다.

6개

플레인 난 Simple Naan

'난'은 이스트로 발효해서 베개처럼 폭신폭신한 촉감의 인도식 납작 빵입니다. 전통적으로는 탄두르 화덕에 구워내지만 오븐이나 프라이팬을 이용하여 맛있는 난을 집에서도 따라 만들 수 있습니다. 버터향이 나는 따끈따끈한 난을 커리에 푹 찍어서 먹다가 마지막에 그릇 바닥에 묻은 커리까지 난으로 싹싹 긁어 먹는 맛은 그야말로 행복이지요.

내추럴 요구르트 90g
인스턴트 드라이 이스트 1½ts
중력분 450g(작업대에 뿌리는 용으로 조금 더 준비)
소금 1ts
베이킹파우더 ½ts
기 버터 60ml(녹인 것. 겉에 바를 용으로 조금 더 준비)
흑종초씨 ½ts

넓은 볼에 요구르트와 따뜻한 물 250ml를 넣고 섞는다. 인스턴트 드라이 이스트, 중력분, 소금, 베이킹파우더, 기 버터를 넣고 젓는다. 부드럽고 끈적한 반죽이 될 때까지 손으로 섞는다. 뚜껑을 덮고 20분간 잠시 둔다.

중력분을 뿌린 작업대에 반죽을 옮기고 표면이 아주 부드러워질 때까지 1~2분간 치댄다. 볼에 반죽을 다시 넣고 잘 덮은 뒤 반죽이 두 배 정도로 부풀어오를 때까지 따뜻한 곳에 2~3시간 동안 둔다.

오븐을 250°C로 예열한다. 베이킹 트레이 두 개를 오븐에 넣고 달군다. 밀가루를 골고루 뿌려놓은 작업대에 부풀어오른 반죽을 (공기를 빼지 말고) 살살 옮긴다. 반죽을 6덩이로 나눈다. 밀가루를 묻힌 손으로 각 덩어리를 부드럽게 두드리고 펴서, 가운데는 얇고 가장자리는 두꺼운 지름 15cm의 원 모양으로 빚는다. 반죽마다 녹인 기 버터를 붓으로 바르고, 한쪽을 쭉 잡아당겨 눈물처럼 생긴 난 모양으로 만든다.

뜨겁게 달군 트레이에 반죽을 조심스럽게 옮긴 다음 중간중간 갈색 반점이 생기고 속까지 잘 익을 때까지 6~7분간 굽는다.

다 구워진 난은 기 버터를 조금 더 바르고 흑종초씨를 뿌린 다음 곧바로 낸다.

메모: 작은 소스팬에 기 버터와 으깬 마늘 한 알을 넣고 데운 뒤 난 위에 바르면 갈릭 난이 된다.

8개

파라타 Paratha

파라타 만들기는 난보다 품이 덜 들고 플레인 차파티보다 덜 까다롭습니다. 통밀가루와 일반 밀가루를 섞어서 구워 낸 파라타는 계속 먹고 싶어질 만큼 매우 쫄깃쫄깃한 식감이 특징입니다.

통밀가루 110g 또는
아타* 밀가루 110g(작업대에 뿌리는 용으로 조금 더 준비)
소금 ½ts
베이킹파우더 ¼ts
기 버터 1TS(반죽에 바르고 구울 용으로 조금 더 녹여서 준비)
흑종초씨 ½ts

* 남아시아 지역에서 많이 사용하는 통밀가루의 종류.

볼에 통밀가루 또는 아타 밀가루, 소금, 베이킹파우더를 체로 친다. 기 버터를 넣고 작은 빵가루 같은 질감이 될 때까지 손가락 끝으로 비비듯 섞는다. 가운데를 오목하게 판 뒤 흑종초씨를 넣고 물 125ml를 조금 남기고 붓는다. 부드러운 반죽이 될 때까지 섞는다. 나머지 물은 반죽 상태를 보면서 필요하면 추가한다. 잘 덮고 10분간 휴지시킨다.

밀가루를 살짝 뿌린 작업대에 반죽을 옮기고 부드러워지도록 1~2분간 치댄다. 반죽을 8등분해서 공모양으로 굴린다. 깨끗하고 젖은 수건으로 덮어 30분간 휴지시킨다.

밀가루를 살짝 뿌린 작업대에서 반죽 하나를 지름 17cm 원모양이 되도록 얇게 민다. 녹인 기 버터를 붓으로 얇게 바른 다음 반으로 접고, 그 위에 또 기 버터를 바르고 반으로 한 번 더 접는다. 젖은 수건으로 덮어놓고 나머지 반죽도 똑같이 해준다. 그다음 각 반죽을 밀대로 밀어 두께 2mm의 세모 모양으로 만든다.

넓은 코팅팬을 중불에 달군다. 한 번에 반죽 하나씩 굽는다. 녹인 기 버터를 바르고, 바른 쪽이 바닥에 가도록 팬에 올린 다음 깨끗하고 마른 수건으로 전체적으로 살짝 누른다. 갈색 반점이 곳곳에 생길 때까지 1~2분간 굽는다. 윗면에 기 버터를 바르고 뒤집은 다음 노릇노릇하게 잘 익을 때까지 30~60초간 굽는다. 다 익은 파라타는 접시에 쌓아올리고 식지 않도록 깨끗한 수건으로 덮어둔다.

8개

차파티 Chapattis

차파티는 인도의 어느 가정집에서든 흔히 볼 수 있는 전통 빵입니다. 발효하지 않은 통밀가루 반죽으로 구워 간편하게 만들 수 있으며, 갓 구웠을 때 먹으면 정말 맛있습니다. 점심과 저녁 식사 전에 반죽을 미리 해 놨다가 식사 직전에 밀대로 밀어 뜨거운 무쇠 팬에 구워 냅니다.

통밀가루 또는 아타 밀가루 225g (작업대에 뿌릴 용도로 조금 더 준비)
소금 ½ts
기 버터 1TS
녹인 버터(반죽에 바를 것. 선택)

볼에 통밀가루 또는 아타 밀가루와 소금을 체로 친다. 기 버터를 넣고 작은 빵가루 같은 질감이 될 때까지 손가락 끝으로 비비듯 섞는다. 가운데를 오목하게 판 뒤 미지근한 물 125ml를 조금 남기고 붓는다. 약간 단단한 반죽이 될 때까지 섞는다. 나머지 물은 반죽 상태를 보면서 필요하면 추가한다. 잘 덮고 10분간 휴지시킨다.

밀가루를 살짝 뿌린 작업대에 반죽을 옮기고 부드러워질 때까지 1~2분간 치댄다. 반죽을 8등분해서 공모양으로 굴린다. 베이킹 트레이에 겹치지 않게 놓는다. 랩으로 덮어 30분에서 길게는 밤새도록 휴지시킨다.

밀가루를 살짝 뿌린 작업대에서 반죽 한 덩어리씩 지름 16cm 원모양이 되도록 얇게 민다.

넓은 코팅 프라이팬을 중강불에 달군다. 팬에서 연기가 날 정도로 뜨거워지면 차파티 반죽을 올린 뒤 바닥에 군데군데 갈색 반점이 보일 때까지 깨끗하고 마른 수건으로 전체적으로 1분 정도 꾹꾹 누른다. 뒤집은 다음 30~60초간 더 굽는다. 팬에서 꺼낸 뒤 원한다면 녹인 버터를 바른다. 접시에 담고 깨끗한 수건으로 덮어둔다. 나머지 반죽도 같은 방법으로 굽는다.

구워서 곧바로 내거나, 먹기 직전 따뜻한 프라이팬에 살짝 데워서 낸다.

약 200g

탄두리 커리 페이스트

Tandoori Curry Paste

작은 양파 ½개(대강 다진 것)
마늘 4알, 생강 조각 3cm(대강 다진 것)
큐민가루 1TS, 고수씨가루 3ts
강황가루1ts, 파프리카가루 1ts
고춧가루 ½ts, 생레몬즙 1TS
천연 탄두리 색소 또는 붉은색 식용 색소

믹서에 식용 색소를 제외한 모든 재료를 넣고 곱게 간다. 필요하면 물을 살짝 넣는다. 진한 붉은색이 되도록 식용색소 ½ts 정도를 넣는다.

완성된 탄두리 페이스트는 밀폐 용기에 담는다. 남은 페이스트는 냉장실에서 2주, 냉동실에서 3개월까지 보관이 가능하다.

약 180g

빈달루 커리 페이스트

Vindaloo Curry Paste

건고추 3개
코코넛 식초 또는 백식초 60ml
큐민씨 1TS, 고수씨 1TS
호로파씨 1ts, 통흑후추 ½ts
시나몬 스틱 2cm, 정향 5개
그린 카다멈 꼬투리 3개(으깨서 씨만 골라낸 것)
마늘 6알(으깬 것)
생강 조각 4cm(대강 다진 것)
풋고추 3개(다진 것. 덜 매운 커리를 선호하면 씨 제거)
흑설탕 2TS
육두구 ¼ts(바로 간 것)
강황가루 ½ts

건고추는 코코넛식초 또는 백식초에 불려둔다.

아무것도 두르지 않은 프라이팬을 중불에 올리고 큐민씨, 고수씨, 호로파씨, 통흑후추, 시나몬 스틱, 정향을 향이 날 때까지 각각 따로 30초씩 볶는다. 볶은 향신료와 그린 카다멈씨를 향신료 분쇄기에 넣고 곱게 간다.

믹서에 불린 고추, 코코넛식초 또는 백식초, 마늘, 생강, 풋고추, 흑설탕, 육두구, 강황가루, 향신료 가루를 모두 넣고 곱게 간다.

완성된 페이스트는 밀폐 용기에 넣고 냉장실에서 1주, 냉동실에서 3개월까지 보관이 가능하다.

레시피 찾아보기

50 EASY INDIAN CURRIES
original publisher Smith Street Books
smithstreetbooks.com

누구나 쉽게 완성하는
정통 인도 커리 50

1판1쇄 펴냄 2023년 11월 15일

지은이 페니 차울라
옮긴이 김기민

펴낸이 김경태
편집 홍경화 남슬기 한홍비
디자인 박정영 김재현
마케팅 유진선 강주영
경영관리 곽라흔

펴낸곳 (주)출판사 클
출판등록 2012년 1월 5일 제311-2012-02호
주소 03385 서울시 은평구 연서로26길 25-6
전화 070-4176-4680 팩스 02-354-4680 이메일 bookkl@bookkl.com

ISBN 979-11-92512-59-4 13590